U0170889

国家自然科学基金项目(41673039)资助
内蒙古自然科学基金项目(2020LH04001)资助
内蒙古工业大学博士科研启动基金项目资助
2017年度内蒙古自治区引进高层次人才科研基金项目资助

华北及其周缘基性岩浆时空演化与盆地演化对大地构造演化的制约

匡永生　籍进柱　郭明星　著

中国矿业大学出版社
·徐州·

内容简介

本书基于对华北克拉通之上的叠合型盆地和大兴安岭根河地区的晚古生代残余盆地出露的基性火山岩的认识，结合相应盆地的构造演化研究成果，从基性火山岩的岩石学、年代学、地球化学特征研究入手，对相应地区岩浆岩演化规律进行总结，同时从盆地内发育地层的地层学、沉积学等视角，开展对我国东部地区岩石圈减薄和破坏过程及大地构造演化的动力学机制研究。本书的研究成果对推动我国东部地区岩石圈演化的研究具有重要意义。

本书可供从事岩石学、地质学、地球科学等相关专业的科研与工程技术人员参考。

图书在版编目(CIP)数据

华北及其周缘基性岩浆时空演化与盆地演化对大地构造演化的制约 / 匡永生，籍进柱，郭明星著.— 徐州：中国矿业大学出版社，2023.12

ISBN 978-7-5646-5465-8

Ⅰ.①华… Ⅱ.①匡… ②籍… ③郭… Ⅲ.①岩浆发育—研究—华北地区②盆地演化—研究—华北地区 Ⅳ.①P548.22

中国国家版本馆 CIP 数据核字(2023)第 239253 号

书　　名　华北及其周缘基性岩浆时空演化与盆地演化对大地构造演化的制约
著　　者　匡永生　籍进柱　郭明星
责任编辑　赵朋举　吴学兵
出版发行　中国矿业大学出版社有限责任公司
（江苏省徐州市解放南路　邮编 221008）
营销热线　(0516)83885370　83884103
出版服务　(0516)83995789　83884920
网　　址　http://www.cumtp.com　**E-mail**:cumtpvip@cumtp.com
印　　刷　江苏凤凰数码印务有限公司
开　　本　787 mm×1092 mm　1/16　**印张** 9.25　**字数** 181 千字
版次印次　2023 年 12 月第 1 版　2023 年 12 月第 1 次印刷
定　　价　41.00 元

前　言

基性岩浆是地幔物质部分熔融的产物，其形成过程、化学组成受控于地幔源区特征、地幔物质部分熔融程度、地幔潜能温度和岩石圈厚度等多个因素，因此基性岩浆的组成可以反演深部地幔的演化历史。充填盆地的地层完整地记录了板块动力学过程和构造演化以及造山作用的方式和时限，沉积格局受古构造背景控制，构造演化控制着沉积相带，沉积相带又控制着油气藏分布，因此，以地层学基本原理为基础并结合基性岩浆的研究，就可以深入探讨盆地的大地构造背景、形成条件、成藏条件及演化史，可以动态描述大陆动力学过程、古地貌特征、岩石圈演化过程，也可为资源勘查提供重要的线索。

胶莱、抚顺盆地是发育在华北巨型克拉通之上的叠合型盆地。该盆地包含克拉通基底演化过程中重要的地层记录，对恢复区域内的古地理特征和讨论盆地构造演化过程，以及研究华北克拉通的演化过程具有重要地质意义。此外，大兴安岭北段根河地区的早石炭世红水泉组（C_1h）、莫尔根河组（C_1m）地层，发育在额尔古纳地块南缘与松嫩地块所挟持的巨大活动带内的晚古生代残余盆地中，为一套细碎屑岩及海相中性岩石和基性岩石的组合，这套岩石组合具有特殊的地球化学属性和成因背景。本书基于上述盆地充填的火山岩地层中基性火山岩的研究实践，介绍和分析了盆地内部及其周缘的地层学、沉积学、构造地质学、地球化学和地质年代学等研究成果，探讨了各盆地在晚古生代—新生代大地构造的演化与发展，尤其对其地层学、地球化学证据进行了详细论述。

全书共分为六章：第一章总结了华北晚中生代—新生代基性岩浆时空演化规律，并结合抚顺盆地演化规律、华北板块地幔含水量的变化规律等总结了华北克拉通时空演化的制约因素；第二章说明了样品制备和分析方法，以及抚顺老虎台组玄武岩的 Ar-Ar 测年法测年特征和地球化学特征；第三章主要阐述了胶莱盆地构造地质背景及山东地区青山群基性火山岩采样位置，并讨论了山东地区火山岩年代学格架与胶莱盆地构造演化之间的关系；第四章阐述了胶莱盆地青山群基性火山岩的特征及成因；第五章阐述了胶莱盆地年龄 96～73 Ma 基性火山岩的特征、成因及时空演化规律；第六章阐述了大兴安岭北段根河地区晚古生代早石炭世红水泉组、莫尔根河组地层的地质特征，并对莫尔根河组地层的岩石学特征和洋岛玄武岩的成因及意义进行了研究。

本书前言、第一章至第四章由匡永生撰写，第五章和第六章主要由籍进柱撰写。书中所有实测剖面主要由匡永生主导测制。参考文献整理等工作主要由郭明星完成。全书最后由匡永生进行统稿、定稿。密文天教授在本书编写过程中给予了悉心指导，在此表示衷心感谢。

由于作者水平所限，书中错误与不足之处在所难免，敬请读者批评指正。

著　者

2023 年 11 月

目　　录

第一章　华北晚中生代—新生代基性岩浆与盆地演化对华北克拉通的制约

第一节　华北晚中生代—新生代基性岩浆时空演化特征

一、基性岩浆随时间、空间的演化

华北东部中生代—新生代基性岩浆的演化时期可概括为早白垩纪、晚白垩纪和古近纪3个时期，如图1-1所示，其中早白垩纪早期基性岩浆的$\varepsilon_{Nd}(t)$均为负值。$\varepsilon_{Nd}(t)$为岩浆源区特征参数，可以通过同位素计算公式得出。早白垩纪时期基性岩浆主要来源于富集岩石圈地幔，岩浆间歇期主要为山东地区岩浆间歇期(图1-1灰色部分)，而从距今100 Ma左右开始，基性岩浆的$\varepsilon_{Nd}(t)$值有向正值转变的趋势，该时期的基性岩浆主要来源于软流圈地幔。目前，华北中生代—新生代最早出现软流圈特征玄武岩的地区有两个，分别是辽宁省阜新地区(碱锅)和山东省青岛地区(大西庄、劈石口)，这两个地区来源于软流圈地幔的岩浆出现的年龄分别为100 Ma和82～73 Ma，见表1-1。据此，现在普遍认为华北岩石圈减薄在时间上华北北部早于华北南部。

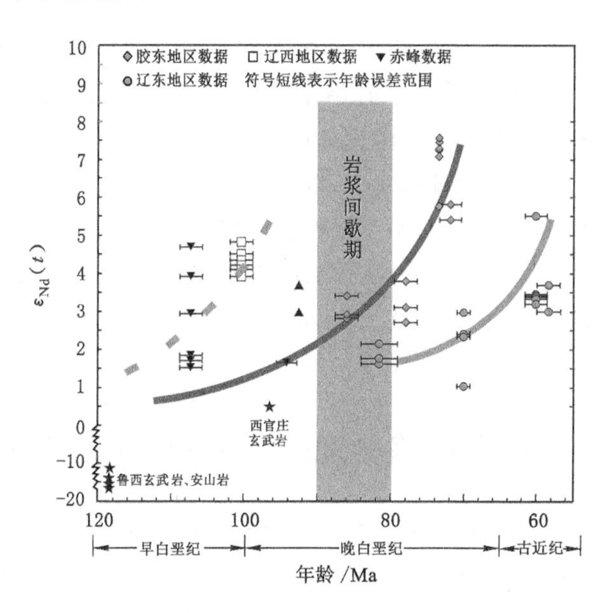

图1-1　华北东部中生代—新生代基性岩浆$\varepsilon_{Nd}(t)$值随喷发时间的变化趋势

表 1-1 华北东部晚白垩纪—古近纪主要玄武岩年龄

序号	采样地	样品名称	年龄/Ma
1	吉林省长春大屯富峰山	玄武岩	92.5
2	辽宁省阜新碱锅	玄武岩	100
3	辽宁省普兰店曲家屯	玄武岩	95
4	辽宁省普兰店乱石山子	玄武岩	95
5	山东省青岛胶州大西庄	玄武岩	73
6	山东省青岛崂山劈石口、大西庄	玄武岩	82～73

然而，近期研究结果发现，华北南部的诸城拉斑玄武岩的年龄大约为 98 Ma，表明华北南部板块和华北北部板块几乎是同时演化的。因此，华北南部最早出现的诸城拉斑玄武岩与华北北部外边缘的吉林大屯拉斑玄武岩年龄较为接近。

二、华北具有软流圈特征基性岩浆岩石特征演化

根据华北东部具有软流圈特征的玄武岩及位于盆地内部的隐伏玄武岩的地球化学特征和喷发年代数据可知，从具有软流圈特征的玄武岩开始出现的距今 100 Ma，至白垩纪和古近纪界限附近的距今 70 Ma 左右为碱性玄武岩或强碱性玄武岩出现的时间，并且玄武岩携带幔源包体，喷发量都很小，只是点状零星喷发，之后才在抚顺、下辽河—渤海湾盆地、冀中盆地大量喷发；主要的隐伏玄武岩是通过石油钻井资料获取的，单层岩层厚度达 1 200 m，年龄与老虎台组拉斑玄武岩相当，出现的年龄最早是 68 Ma；抚顺晚白垩系至古近系老虎台组火山岩底部为碱性玄武岩，其 Ar-Ar 测年法年龄为 70.14 Ma，而该火山岩上部为拉斑玄武岩，其 Ar-Ar 测年法年龄为 60.08 Ma。按照岩石圈盖效应模型及对连续喷发的抚顺老虎台组玄武岩的岩石学、地球化学特征研究可知，上述现象是岩石圈减薄的表现，说明新生代早期岩石圈仍处在减薄的状态。距今 68 Ma 左右，华北东部出现了由零星喷发碱性玄武岩过渡到大量喷发亚碱性玄武岩的现象，这些都证明华北岩石圈在早古近纪部分区域已到了最大减薄阶段，随后开始了以喷发弱碱性玄武岩和拉班玄武岩为主的阶段，到了距今 46.5 Ma 开始了碱性玄武岩和拉斑玄武岩伴生的阶段，到了晚第三纪和第四纪开始了以喷发碱性玄武岩和强碱性玄武岩为主的阶段。这说明华北东部新生代玄武岩岩浆起源深度逐渐变大，岩石圈逐渐加厚，可能与拉张衰退期上地幔热散失有关。

第二节 抚顺断陷盆地的构造和沉积演化特征

抚顺盆地是发育在地堑中的一个著名煤系断陷盆地，内部充填 385～1 979 m 厚的古近纪抚顺群煤系地层，为地堑式走滑断陷盆地，盆地基底主要为中太古界鞍山群石棚子组变质岩，部分为下白垩统砂砾岩。抚顺盆地的 6 个岩性地层单元(组)从下至上分别为晚白垩—古新世老虎台组、栗子沟组，始新世古城子组、计军屯组、西露天组和耿家街组，如图 1-2 所示。

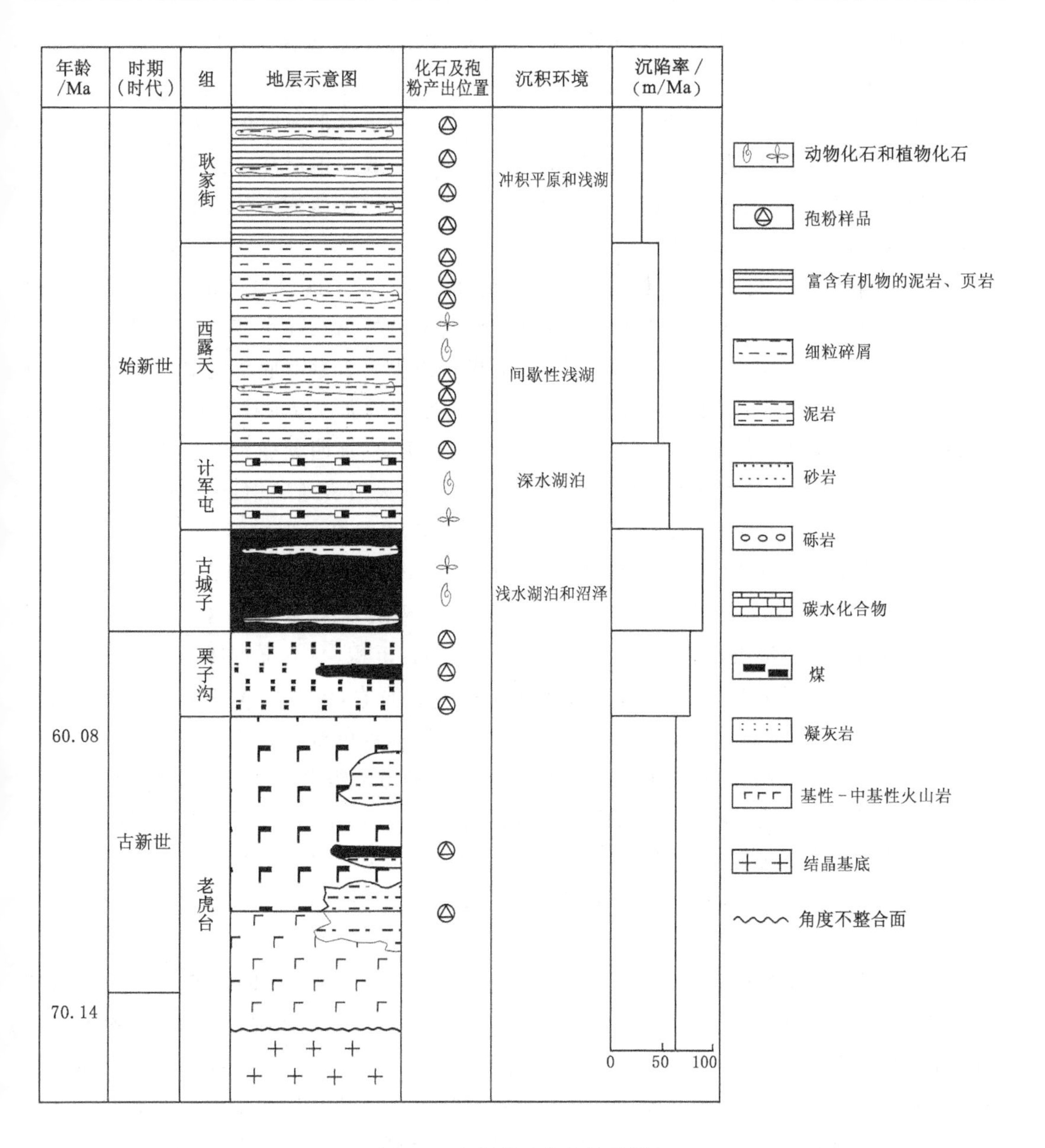

图 1-2　抚顺盆地综合柱状图

对抚顺群煤系地层进行的详细年代学研究表明，老虎台组玄武岩中上部的 2 个沉积岩夹层中的孢粉化石形成时期确定为古新世；王慧芬等测定的老虎台组玄武岩的 4 个 K-Ar 同位素年龄为 72.02 Ma、63.02 Ma、55.61 Ma、52.09 Ma；王集源等利用 K-Ar 体积法测定了老虎台组玄武岩的 9 个年龄值，这些年龄值范围为 74.9～57.6 Ma；王东方和王集源利用 K-Ar稀释法测定了老虎台组玄武岩的 10 个年龄值，这些年龄值范围为 70.9～58.8 Ma。近期研究结果表明，老虎台组玄武岩喷发的年龄是 70.14～60.08 Ma，由此可以确定老虎台组玄武岩是在白垩纪末期至古新世喷发的。在抚顺群煤系地层中还发现了大量孢粉、植物、昆虫、介形虫、叶肢介和少量鱼、爬行类动物化石，通过鉴定、对比分析，可以确定栗子沟组地层为古新世地层,古城子组地层、计军屯组地层、西露天组地层、耿家街组地层为始新世地层。

一、层序特征

抚顺盆地的充填层序在岩相上均有显著差异,这反映出其形成时的沉积环境演变特征与构造阶段相对应,可作为6个成因地层单元看待。这些成因地层在垂向上组合成抚顺盆地完整的沉积序列,代表抚顺盆地的古地理环境经历了火山洼地的淡化浅湖、深湖、间歇性半咸化浅湖和冲积平原等演化阶段。

老虎台组地层主要由玄武岩组成。之前的研究认为抚顺老虎台组玄武岩只有拉斑玄武岩,笔者通过对老虎台组玄武岩的剖面测制和抚顺玄武岩的Ar-Ar测年法测年结果以及二者岩石学、矿物学、地球化学特征的研究发现,老虎台组玄武岩是由底部的碱性玄武岩和中上部的拉斑玄武岩组成的,用地幔动态熔融模型可以计算剖面连续取样玄武岩的形成深度;同时根据岩石圈盖效应模型重建了该区岩石圈的演化历史,证明老虎台组玄武岩是年龄为70.14~60.08 Ma岩石圈逐渐减薄的产物,老虎台组基性火山岩地层中还有少量的煤、灰绿色页岩、褐色页岩、灰黑色页岩、粉砂岩和凝灰岩等夹层,老虎台组地层厚56.5~501.0 m,它和下覆中太古界鞍山群地层呈角度不整合接触,和栗子沟组地层呈平行不整合接触,如图1-3所示。栗子沟组地层主要以薄层状凝灰质砂岩、凝灰岩、凝灰角砾岩为主,夹煤层、页岩。老虎台组和栗子沟组地层为火山洼地的局部浅湖相沉积,与上覆古城子组地层呈整合接触。古城子组地层主要为煤层,夹少量砂岩、凝灰岩、页岩,为淡化浅湖和周边沼泽相沉积,与上覆计军屯组地层呈整合接触。计军屯组地层以浅褐色至暗褐色的薄层状和中层状的油页岩为主,主要为宽广的深水湖泊相沉积,与上覆西露天组地层呈整合接触。西露天组地层由灰绿至绿色泥岩、泥灰岩和褐色页岩组成,为干旱气候条件下的间歇胡沉积,与上覆耿家街组地层呈整合接触。耿家街组地层以褐色泥、页岩为主,生物化石贫乏,有的井孔甚至连孢粉化石都没有,是冲积平原及局部浅湖沉积。

二、抚顺盆地的构造演化

抚顺盆地属走滑断陷盆地,主要受控于抚顺—密山断裂的强烈NEE-SWW向右旋剪切作用和拉张作用(抚顺—密山断裂是郯庐断裂的北部分支),其同沉积构造格架是由NEE-EW向和NNW-NS向的两组同沉积正断层分割的一系列走向为NEE向矩形断块组成。这些断块边缘呈阶梯状,盆地的基底和呈键盘状的盖层组成了抚顺地堑型槽谷。

抚顺盆地在演化过程中裂陷和拗陷作用基本上是同步发生和发展的,但它们在盆地的不同演化阶段贡献不同。在盆地形成早期,控制抚顺裂陷盆地构造演化的是裂陷作用,其在晚白垩世至古新世期间的郯庐断裂主要表现为右旋走滑作用。在抚顺地区,右旋走滑作用表现为转换伸展作用,这种转换伸展作用直接造成了抚顺盆地的断陷成盆。与抚顺盆地裂陷作用相对应的同沉积构造格架样式是NEE向张性构造主导控制的构造,NW向张性构造起次要作用,抚顺盆地的裂陷期开始于老虎台组地层底部。吴冲龙等使用前人的计算模型发现在古城子组地层中,裂陷作用对沉积空间的贡献最大,在代表抚顺盆地水位最高的计军屯组地层沉积时裂陷作用对沉积空间的贡献开始减小。正断层在计军屯组地层中部基本结束,断层两盘的厚度、岩性、岩相和煤层结构等改变显著,且断层两盘岩层的垂向段距自下而上呈逐渐减少趋势,表现出同沉积断层的特征。裂陷作

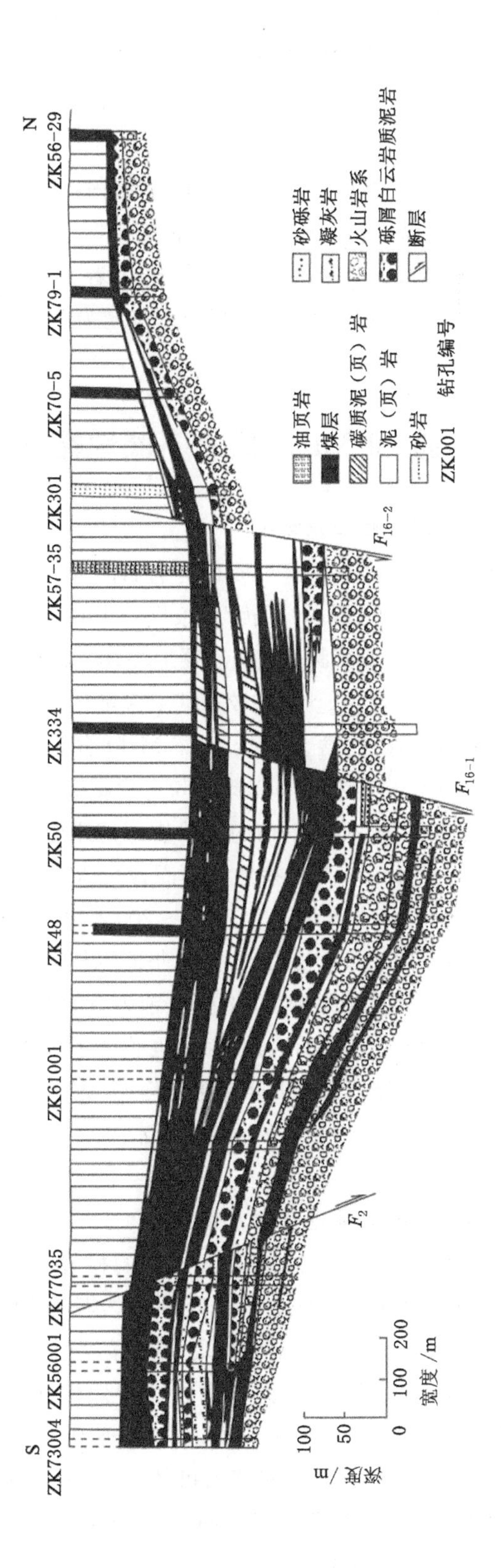

图 1-3　抚顺盆地中部横向沉积断面

用对沉积空间的贡献在西露天组地层沉积时基本消失。在盆地形成晚期，控制抚顺裂陷盆地构造演化的是坳陷作用、构造衰减作用、热衰减作用和重力均衡调整作用。该时期40%的沉积空间由沉积物的压实作用控制，60%的沉积空间由长期缓慢的坳陷作用控制。

抚顺盆地的同沉积正断层大致分为横向和纵向两组同沉积正断层。露头和钻孔资料证实，大多数同沉积正断层穿透基底。纵向同沉积正断层规模较大，走向为NEE-EW向，与盆地轴向基本平行，延伸长达几十千米，盆地南侧断层规模最大者是断层 F_2，北侧是断层 F_{16-1} 和 F_{16-2}，如图1-3所示。横向同沉积正断层规模较小，走向为NNW向到近NS向，与盆地轴向基本垂直。

第三节　华北克拉通40 Ma前后岩石圈地幔含水特征

一、华北克拉通40 Ma前岩石圈地幔含水特征

一般认为克拉通之所以能够长期保持属性不变，是因为岩石圈地幔较低的水含量导致黏滞度较高，使得岩石圈地幔能抵抗软流圈地幔的“干扰”。根据对山东费县玄武岩中单斜辉石斑晶的红外光谱和电子探针分析结果，发现其源区是岩石圈地幔，山东费县年龄为120 Ma的高镁玄武岩最早结晶的单斜辉石具有较大的Mg#值和较高的水含量（$210\times10^{-6}\sim370\times10^{-6}$）。Mg#值为镁的特征参数，可直观显示镁的含量，Mg#＝(MgO含量/40.31)/(MgO含量/40.31＋$Fe_2O_3^T$含量×0.899 8/71.85×85)。根据单斜辉石和玄武质熔体之间水的分配系数计算出的玄武岩浆的水含量为(3.4±0.7)%，反演得出的玄武岩源区水含量大于$1\ 000\times10^{-6}$。用同样的方法计算出的年龄为82～67 Ma华北克拉通岩石圈地幔水含量大多为$99\times10^{-6}\sim232\times10^{-6}$，同洋中脊玄武岩(MORB)源区水含量（$50\times10^{-6}\sim200\times10^{-6}$）相当，高于长期保持克拉通属性的南非克拉通水含量（$0\sim120\times10^{-6}$），只有少数华北克拉通岩石圈地幔水含量为$21\times10^{-6}\sim66\times10^{-6}$，如图1-4所示。计算结果表明，120 Ma前岩石圈地幔的黏滞度已经接近软流圈。距今120 Ma前后是华北克拉通破坏的峰期，因此也验证了多年来学术界的一个推测：克拉通能够被破坏，与其被强烈水化导致的强度降低密切相关。距今82～67 Ma华北克拉通多数地区的岩石圈地幔水含量还相当于MORB源区地幔的水含量，说明当时华北克拉通大部分地区还在减薄。

二、华北克拉通40 Ma后新生代岩石圈地幔含水特征

对华北克拉通东部和西部40 Ma以后喷发的玄武岩中的橄榄岩捕虏体矿物进行了结构含水量研究，发现华北克拉通40 Ma后新生代岩石圈地幔具有较低的水含量，即华北克拉通的橄榄岩全岩水含量大多小于50×10^{-6}，华北克拉通新生代岩石圈水含量低于典型克拉通地区岩石圈的水含量。这说明华北克拉通岩石圈地幔在40 Ma后处于相对“干”的状态，和减薄前“湿”的状态形成鲜明对比。华北克拉通中生代、新生代岩石圈地幔的水含量特征可能暗示华北克拉通在40 Ma前富水可能主要是太平洋板块俯冲所致；而华北克拉通40 Ma以后贫水则可能是随着岩石圈的减薄、软流圈的上涌，岩石圈地幔发生部分熔融导致其水含量随熔体提取而降低。

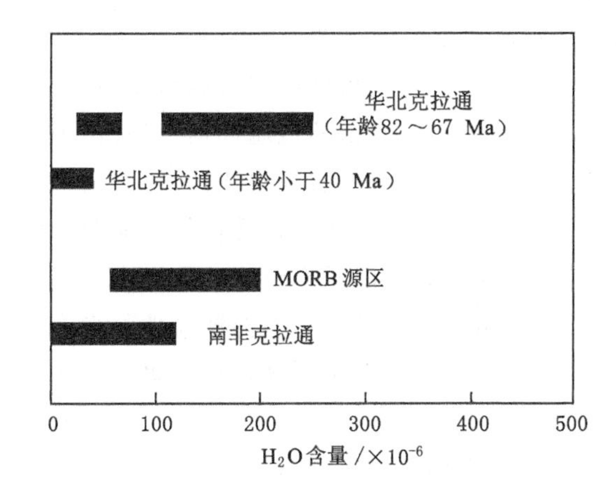

图 1-4　华北克拉通中生代—新生代岩石圈地幔的水含量对比

第四节　华北岩石圈减薄效应分析

一、华北具有软流圈特征的岩浆对岩石圈减薄的反应

早白垩世岩浆岩中的富集同位素组成暗示当时岩石圈依然很厚(厚度大于 80 km)，不然应该有由亏损同位素组成的岩浆产生。在白垩纪晚期，岩浆的地球化学性质与洋岛玄武岩相似，说明白垩纪晚期以后岩浆主要来源于对流软流圈地幔。岩浆源区地幔由白垩纪早期的富集岩石圈地幔转为白垩纪晚期的软流圈地幔，也与岩石圈的进一步减薄有关。按照模型，干的软流圈地幔只有当岩石圈很薄(厚度小于 60 km)时才会熔融。因此，白垩纪末期华北岩石圈的厚度应该在 60 km 左右。这一趋势反映了岩石圈减薄过程中地幔熔融方式的改变。华北东部中生代基性岩浆地球化学性质的演变与岩石圈减薄过程是相对应的。

研究表明，华北东部出现的具有软流圈特征的玄武岩大多为碱性或强碱性玄武岩，到了古近纪的古新世多为拉斑玄武岩和弱碱性玄武岩(不含包体)，一直持续到始新世中期(距今 46.5 Ma)，随后开始有碱性玄武岩和拉班玄武岩交互出现的现象，而到了始新世晚期(距今 37.1 Ma)及后期的晚第三纪和第四纪，玄武岩岩性变成了以碱性玄武岩和强碱性玄武岩为主。

华北具有软流圈特征的玄武岩岩性由碱性玄武岩向拉斑玄武岩的转变是岩石圈减薄的表现，玄武岩岩性由拉斑玄武岩到碱性玄武岩的转变是岩石圈增生的表现。笔者对连续喷发的抚顺老虎台组玄武岩的岩石学、地球化学特征进行了研究，发现抚顺老虎台组玄武岩岩性由碱性玄武岩向拉斑玄武岩转变也是岩石圈减薄的表现，且这个转变发生的时间与华北区域玄武岩岩性由碱性玄武岩向拉斑玄武岩转变的时间是一致的。抚顺盆地顶部的玄武岩 Ar-Ar 测年法年龄是 60.08 Ma，这与华北东部岩石圈减薄的时间是相同的，且华北东部岩石圈的减薄至少一直持续到距今 60.08 Ma，而到了距今 46.5 Ma 时，华北板块内部才开始有碱性玄武岩和拉班玄武岩交互出现的演化，也就是可以断定此时华北东部岩石圈才开始了增生的过程，这样代表华北岩石圈从减薄至增生转折的年龄应该是 46.5 Ma。

二、伸展作用在岩石圈减薄过程中的意义

岩石圈的伸展作用势必造成岩石圈的机械伸展减薄作用,伸展构造变形可能也是导致地壳减薄的一个重要因素。无论岩石圈减薄的机制如何,岩石圈地幔减薄和中地壳及上地壳的伸展减薄是岩石圈破坏过程的 2 种重要表现方式,这势必引起软流圈的上涌及可能发生的部分熔融,并诱发地壳范围内一系列岩浆的地质作用。同时软流圈的上涌对应地表的隆升和地壳表层的伸展,地壳减薄是岩石圈深部破坏在浅部的重要响应,也是克拉通破坏在浅部的直接表现,从而导致地表沉积盆地的发育。伸展盆地的发育是克拉通减薄的重要标志。对伸展构造的复位研究将会对华北克拉通破坏的问题产生新的启示。2012 年,朱日祥、徐义刚也认为"岩石圈减薄只会发生在区域性伸展动力学背景下,因而华北克拉通破坏关键的浅部地质标志就是广泛而强烈的伸展活动"。

对华北东部的新生代抚顺盆地和渤海盆地的沉积演化和构造演化的研究发现,渤海湾盆地发育早期的区域伸展裂陷期,表现的是 NWW-SEE 向甚至是 EW 向区域的伸展作用,盆地沉积了孔家店组和沙河街组 4 段盆地,沉积中心位于渤海湾盆地的西部和南部,随后渤海湾盆地进入沉积速率最大的阶段,盆地 EW 向表现为转换挤压作用,NS 向表现为拉分裂陷作用,这时渤海湾盆地具有拉分盆地的特征,这个阶段开始发育的是沙河街组 3 段盆地,沉积中心转移到了渤海湾盆地中部的渤中凹陷位置,而沙河街组 3 段和沙河街组 4 段盆地之间的角度不整合面的年龄为 45～42 Ma;通过对抚顺盆地的研究可以确定盆地发育早期以裂陷作用为主,发育晚期以坳陷作用为主,宽广深水湖泊相计军屯组地层位于这个转换的位置上,构造上表现为同沉积构造正断层一样,基本在计军屯组地层顶部甚至中部就终止了发育,而通过年代学研究可知,计军屯组地层就是在始新世中期沉积的。

近些年来对华北板块内部断陷盆地的油气勘探研究表明,这些盆地普遍于古近纪末期结束了断陷活动,盆地沉积缺失,因为在挤压的早期也是发育有沉积的,只有在盆地深度小于盆地的补偿深度时才停止沉积(对应盆地的坳陷期),因此挤压和伸展的转换时期早于古近纪末期。基于详细的沉积相及盆地构造研究发现,下辽河—渤海湾盆地在始新世中期完成了从伸展到挤压的转换,同时零星发育的碱性玄武岩与拉斑玄武岩交互出现,玄武岩的喷发规模也无法和古近纪早期的喷发规模相比,到了新近纪和第四纪,玄武岩主要是碱性和强碱性玄武岩。

通过对岩石圈地幔水含量的研究可知,华北克拉通岩石圈地幔在 40 Ma 前为"湿"的状态,40 Ma 时间节点之后为"干"的状态,证明 40 Ma 时间节点之后华北克拉通岩石圈地幔有了很大不同。通过对抚顺盆地和渤海湾盆地的沉积演化和构造演化的研究可知,华北岩石圈在区域上伸展构造基本在始新世中期终止,渤海湾盆地的年龄则具体到了 45～42 Ma。

三、华北东部新生代盆地演化与岩浆演化的构造动力学控制

地震层析成像的结果显示,俯冲的太平洋板块停留于地幔转换带(深度为 410～660 km),且板块边缘与大兴安岭、太行山重力梯度带一致,这些现象都暗示东部岩石圈的减薄可能与太平洋板块俯冲密切相关。同时近年来的研究表明,太平洋板块的俯冲作用对中国华北地区的影响可能于早侏罗世就开始了。岩石圈的拉张作用同时也使俯冲带向东退却,影响区在始新世后不再是华北板块,同时由于岩石圈厚度的变化,火山岩表现出随年龄

由大至小钾含量降低的趋势，始新世后日本海平行张开和新近纪其顺时针(旋转角度约50°)扇形打开或拉分模式张开，使得华北板块更远离俯冲带的位置，岩石圈的减薄也使来源于软流圈的火山岩成为主导。另外，岩石圈拉张的向东应力可能是太平洋板块俯冲角度变陡的重要原因。

郯庐断裂带因受控于太平洋板块从右旋伸展构造变成左旋巨型伸展构造，该伸展构造直接控制了渤海湾盆地和抚顺盆地的断陷成盆。这其中深层次的原因是受古太平洋板块向亚洲大陆俯冲的影响。从华北地区火山岩年代学格架与新生代盆地演化的耦合来看，伸展构造演化影响了华北地区火山岩年代学格架特征，而火山岩的年代学格架反映了岩石圈演化过程，是否可以说华北岩石圈的演化也主要受郯庐断裂和古太平洋板块向亚洲大陆俯冲的控制?

第五节　小　　结

(1) 由抚顺盆地和渤海湾盆地的沉积和构造演化特征可知，华北东部地区区域上的伸展构造在始新世中期结束，渤海湾盆地具体结束年龄为45～42 Ma。

(2) 华北岩石圈东部具有软流圈特征的玄武岩由拉斑玄武岩和碱性玄武岩组成。从大量拉斑玄武岩的喷发转向拉斑玄武岩和碱性玄武岩交互喷发的年龄节点为46.5 Ma；华北岩石圈地幔在40 Ma前后也由“湿”的状态变为“干”的状态；而抚顺盆地和渤海湾盆地的沉积演化和构造演化特征反映了华北岩石圈在区域上的伸展构造基本在始新世中期终止。这3个时间是基本一致的，该时间可能就是华北克拉通减薄结束的时间。

第二章　抚顺老虎台组玄武岩的 Ar-Ar 法测年特征及其成因对华北岩石圈演化的启示

已有的研究表明，华北克拉通岩石圈在晚中生代经历了减薄过程，随后又经历了增生过程。目前关于早白垩纪时期为岩石圈减薄的重要阶段的结论没有大的分歧。争论的焦点之一在于岩石圈减薄是否只局限于早白垩纪，还是延续到新生代。徐义刚根据中生代—新生代岩浆演化的特征认为，岩石圈在岩浆间隙期到白垩纪末期或新生代早期依然在减薄，岩石圈增生发生在新生代，因此白垩纪末期至新生代早期可能是岩石圈减薄到增生这一转换时期。但是目前对这一转换时期的时间、动力学过程及其与区域构造演化联系的研究很少。

中国东部中生代岩浆演化与岩石圈减薄过程联系紧密，岩浆活动的时间和岩浆性质的变化可以提供有关岩石圈减薄时间的重要信息。所以，研究白垩纪末期至新生代早期的火山作用是建立完整的华北岩石圈演化序列的关键。遗憾的是，由于出露条件的限制，对这一地区从距今 80 Ma 至距今 30 Ma 长达 50 Ma 岩浆活动的研究比较少。辽宁抚顺地区是中国东部为数不多的出露白垩纪末期至新生代早期火山岩的地区，特别是该地区碱性玄武岩和拉班玄武岩连续多次喷发，为研究晚白垩纪至早古近纪期间的抚顺—密山地堑岩石圈的演化历史提供了基础。本章研究了抚顺老虎台组玄武岩的 Ar-Ar 法测年特征，以及岩石学、矿物学和地球化学分析结果；探讨了抚顺老虎台组玄武岩成因，并用地幔动态熔融模型确定其形成深度；根据岩石圈盖效应模型重塑了该区岩石圈的演化历史，以期对华北岩石圈演化提供新的制约。

第一节　地质背景和样品采集

抚顺—密山地堑是郯庐断裂带的北延部分，而抚顺盆地则是发育在地堑中的一个著名煤系断陷盆地。该盆地内部充填 385～1 979 m 厚的古近纪抚顺群煤系地层，老虎台组煤系地层就发育在抚顺群煤系地层底部，如图 2-1 所示。抚顺盆地的形成主要是由于晚白垩世至早第三纪期间，郯庐断裂带因受控于太平洋板块、印度板块、菲律宾板块的相互作用从右旋伸展构造变成左旋巨型的伸展构造。该伸展构造控制了抚顺盆地的断陷成盆。渐新世至中新世期间，郯庐断裂带发生左旋走滑，抚顺—密山地堑发生回返和构造反转，停止了伸展活动。

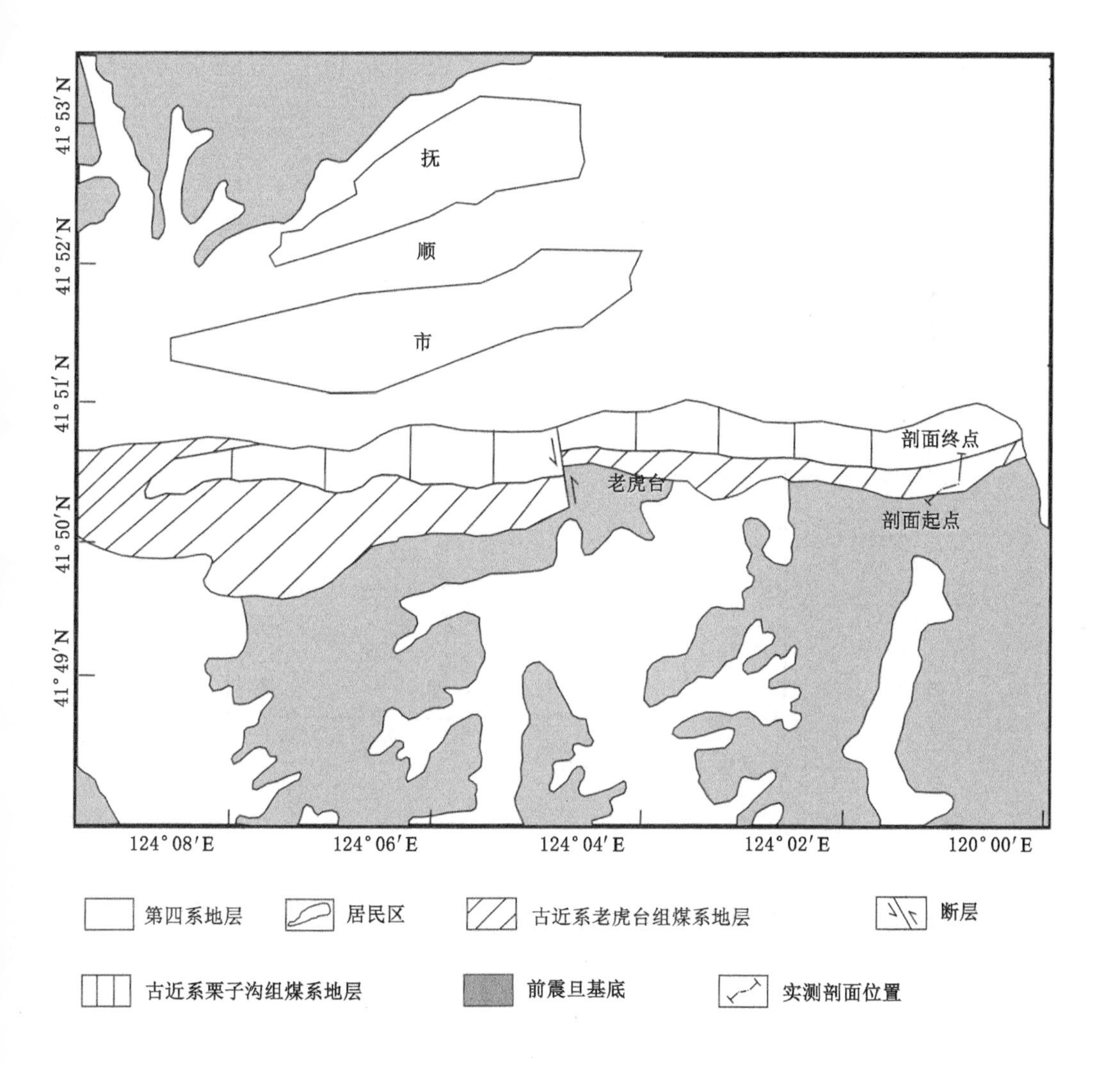

图 2-1　辽宁抚顺古近系老虎台组地层实测剖面图

由老虎台组地层剖面测量结果可知，老虎台组地层厚度为 56.5～501.0 m，老虎台组地层与下伏中太古界鞍山群煤系地层呈角度不整合接触，与上覆栗子沟组煤系地层呈平行不整合接触，如图 2-2 所示。图中($^{87}Sr/^{86}Sr)_i$ 为^{87}Sr 初始含量与^{86}Sr 初始含量的比值，其他元素类同。

之前的研究认为抚顺老虎台组玄武岩只包括拉斑玄武岩。此次研究对老虎台组煤系地层剖面由下至上进行了系统采样，发现老虎台组玄武岩是由底部的碱性玄武岩和中上部的拉斑玄武岩组成的，同时老虎台组煤系地层还夹少量的煤和灰绿色、褐色、灰黑色页岩，粉砂岩及凝灰岩等。

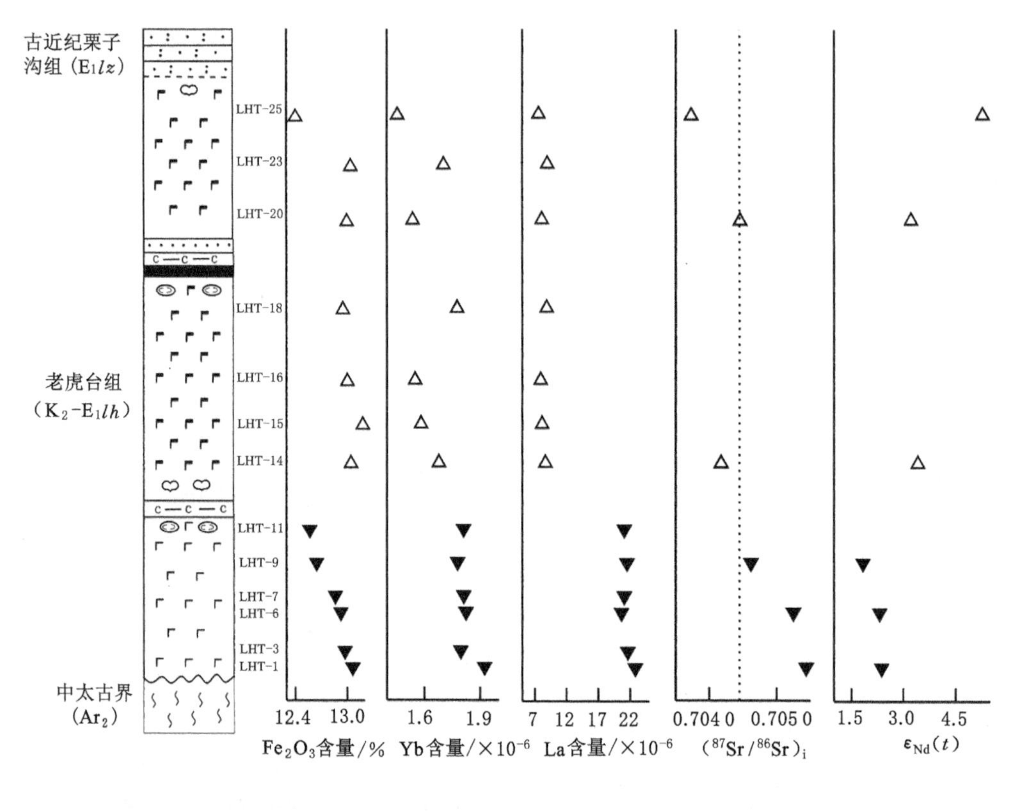

图 2-2 老虎台组地层实测地球化学柱状图

第二节 样品制备和分析方法

样品分析主要在中国科学院广州地球化学研究所同位素年代学和地球化学重点实验室完成。

一、样品的处理

首先挑选新鲜样品，用铁锤敲开，然后将这些样品分别砸成直径约 1 cm 的小块。在砸样过程中，剔除不新鲜的样品。将这些新鲜样品分别用摩尔浓度小于 2 mol/L 的 HCl 溶液浸泡 2 h，如果有气泡冒出，就重复前面的步骤，然后倒掉 HCl 溶液，用去离子水清洗样品，放入超声波振荡器中振荡半小时，将洗净的样品在 100 ℃电炉上烘干。用不锈钢研钵将烘干的重约 200 g 样品研磨至约 200 目，然后进行主、微量元素和同位素分析。Ar-Ar 全岩测试样品取新鲜边长为 1 cm 的正方形岩石样品小块体继续研碎至 40～60 目，用去离子水冲洗样品，并放入超声波振荡器中振荡 15 min，重复 3 次，用丙酮在超声波振荡器中振荡 15 min，重复 3 次，将洗净的样品在小于 150 ℃电炉上烘干，在双目显微镜下，剔除样品中的橄榄石斑晶。对于做 Pb 同位素分析的样品，为避免铂族元素的污染，粉碎时将锤子用布袋或塑料袋包住，并用玛瑙碾钵碾磨。

二、分析方法

（一）主量元素分析

首先测定烧失量。称取 0.3 g 左右的样品粉末放在恒重的坩埚内，在马弗炉中于900 ℃温度下灼烧 40 min，冷却 2.5 h 后，用减量法称得灼烧后样品的质量，进而计算出烧失量。用所得烧失量对用 X 射线荧光光谱分析方法测定的主量元素成分进行校正。

准确称取 0.5 g 的样品及 4.0 g $Li_2B_4O_7$ 助熔剂，振荡混匀后倒入铂金坩埚，在 1 200 ℃温度下熔融成玻璃片状的物质，然后用 Rigaku ZSX-100e 型仪器与 X 射线荧光光谱分析方法测定样品的主量元素含量。测量分析精度大都大于 1%，但由于轻元素的特征谱线波长较大，在光路中容易被吸收和本身荧光产额较低等因素，所以轻元素的分析精度较差，例如 Na_2O 的分析精度为 1%～3%。

（二）微量元素分析

微量元素采用等离子体质谱仪(ICP-MS)进行分析。具体步骤为首先取全岩粉末样品数克，包装好放入烘箱中，在 105 ℃下烘烤 4 h 左右，以去除吸附水，随后准确称取 40 mg 的全岩粉末样品及标准样品放入 Teflon 密闭容器中，加入 1 mL 高浓度的氟化氢(HF)溶液，再加入 3 mL1∶1 的 HNO_3溶液，用超声波振荡器振荡后置于 150 ℃电热板上将样品蒸干，再次加入相同量的 HF 和 HNO_3 溶液，密闭加热 7 d，蒸干后用 2 mL1∶1 的 HNO_3 溶液溶解，最后加入 20 ug/L 的铑(Rh)混合内标溶液(0.1%的 HNO_3 溶液介质)，稀释至 2 000 倍后送 ICP-MS 测试。

（三）Sr-Nd 同位素分析

称取约 150 mg 样品放入 Teflon 溶样器中，加入 1.8 mL1∶1 的 HNO_3 溶液和 1.8 mLHF 溶液，置于 100 ℃电热板上 15 d，如果 Teflon 溶样器内还有沉淀物，则继续保温数天，直至蒸干样品。加入 3 mL1∶1 的 HCl 溶液，100 ℃保温 1 d 后蒸干，加入 2 mL 2%的 H_3BO_3 溶液与 2 mL 2 mol/L 的 HCl 溶液，冷却后用离心管离心 25 min，在 AG50-8X 型离子交换柱中提取 Sr、稀土元素(REE)；将所得的 REE 样品蒸干，用 1 mL 0.18 mol/L 的 HCl 溶液提取，HDEHP 柱分离 Nd。分别用 MicroMass IsoProbe 型多接收器等离子体质谱仪测定 Sr、Nd 样品的 Sr、Nd 同位素含量比值，Sr 同位素含量比值用国际标样 NBS987 和实验室标样 Sr-GIG 监控，$^{86}Sr/^{88}Sr$(该式表示^{86}Sr 和^{88}Sr 的含量之比，其他元素类同)的值用$^{86}Sr/^{88}Sr$=0.119 4 标准化；Nd 同位素含量比值用国际标样 JNdi-1 和实验室标样 Nd-GIG 监控，$^{143}Nd/^{144}Nd$ 值用 $^{146}Nd/^{144}Nd$=0.721 9 标准化。

（四）Pb 同位素分析样品的制备

取专门制备的全岩 Pb 同位素分析样品(200～400 目)约 100 mg 置于 Teflon 溶样器中，沿焖罐壁滴入纯化的 HNO_3 溶液 8～10 滴，摇匀，加入纯化的 HF 溶液 2 mL，在 100～120 ℃电热板上加热 7 d，蒸干样品(蒸干前加一小滴 H_3PO_4 溶液)，加入 0.5 mL 纯化的 0.6 mol/L HBr 溶液，加热样品，准备化学分离和纯化。随后的化学分离和纯化测试过程在澳大利亚进行，样品溶液进入 AG 1×8(200～400 目)Pb 交换柱后分别用 0.5 mL、1.0 mL

纯化的 HBr 溶液各淋洗一次交换柱，再以0.3 mL纯化的 6 mol/L HCl 溶液淋洗交换柱，加入1.0 mL纯化的 6 mol/L HCl 溶液淋洗后接收 Pb 样品溶液，加入一小滴 0.1%的 H_3PO_4 溶液于 Pb 样品溶液中，在 100～120 ℃环境中加热蒸干 Pb 接收液，加入0.5 mL纯化的 0.6 mol/L HBr 溶液，加热溶解样品，用 AG 1× 8(200～400 目)Pb 交换柱重复上一次流程，加热蒸干接收液，供质谱仪测定同位素比值。使用 Pb 国际标准样 NBS 981 进行质量监控。仪器内部分析精度:Pb 分析精度均小于 0.1%，其中大部分小于 0.05%。

（五）Ar-Ar 测年分析方法

首先将测试样品和 ZBH2506 黑云母标样(年龄为 132 Ma)用铝箔纸包装成小圆饼状的样品(直径 5～7 mm，厚 1～2 mm)，以每隔 5 个样品、1 个标样的顺序叠放入玻璃管中(底、顶部各有 1 个标样)，将样品送至中国科学院高能物理研究所核物理和化学实验室反应堆照射 90 h。用质谱计对样品和标样进行 Ar-Ar 测年法测年。

试验所采用的质谱计为 GV Instruments inc.生产的 5400Ar 稀有气体质谱计，并采用该公司生产的自动化激光纯化系统进行纯化测试和美国 New Wave 公司生产的 MIR10-50W 型二氧化碳激光器对样品加热。样品装入铝质样品盘，用烘箱加热至 150～180 ℃，烘烤 20 h。在试验中为了准确消除本底的影响，每隔 4 个阶段做 1 次本底分析。样品制备流程与仪器分析流程类似。Ar-Ar 测年法分析数据采用 ArArCALC 软件处理(包括 Ar 同位素峰值时间归零计算、Ar-Ar 测年法年龄计算和作图)。

第三节　老虎台组玄武岩 Ar-Ar 法测年分析结果

一、玄武岩喷发年龄

目前，不少学者对老虎台组玄武岩进行过详细的年代学研究。洪友崇、宋之琛和曹流等通过玄武岩中上部的 2 个沉积岩夹层中的孢粉化石确定老虎台组玄武岩年代为古新世；王慧芬等获得的 4 个玄武岩的 K-Ar 法年龄分别为 72.02 Ma、63.02 Ma、55.61 Ma、52.09 Ma；王集源用 K-Ar 体积法测得了玄武岩的 9 个年龄值，这些年龄值范围为 74.9～57.6 Ma；王东方、王集源用 K-Ar 稀释法获得了类似的结果，得到的玄武岩年龄值范围为 70.9～58.8 Ma。由此可知，老虎台组玄武岩是在白垩纪末期至古新世喷发的。

鉴于较老样品易受后期地质作用的影响，导致 K 含量发生变化，给 K-Ar 法定年龄造成一定的误差，因此，需要对老虎台组地层剖面底部的碱性玄武岩和顶部的拉斑玄武岩采用 Ar-Ar 法重新定年龄。Ar-Ar 法测年的优点在于只需测定活化样品 Ar 同位素的含量比值即可计算出样品的年龄，避免了因 K 含量的不确定而带来的误差。老虎台组玄武岩全岩 Ar-Ar 法测年数据见表 2-1。

表 2-1　老虎台组玄武岩全岩 Ar-Ar 法测年分析数据

岩性	样号	年龄代号	年龄/Ma
碱性玄武岩	LHT-6 (全岩)	T_1(坪年龄)	70.1±0.89
		T_3(正等值线年龄)	69.6±2.56
		T_4(反等值线年龄)	69.6±2.53

表 2-1(续)

岩性	样号	年龄代号	年龄/Ma
拉斑玄武岩	LHT-25 (全岩)	T_1	60.1±1.48
		T_3	58.2±1.80
		T_4	58.3±1.80

老虎台组玄武岩 LHT-6、LHT-25 全岩激光阶段加热 Ar-Ar 测年法年龄谱如图 2-3 所示。由表 2-1 和图 2-3 可知，通过全岩激光阶段加热 Ar-Ar 测年法所获得的老虎台组地层剖面底部碱性玄武岩的坪年龄 T_1 为(70.1±0.89)Ma，正、反等值线年龄 T_3 和 T_4 分别为(69.6±2.56)Ma、(69.6±2.53)Ma，在误差范围内与坪年龄相一致，因此 70 Ma 代表了老虎台组玄武岩喷发的起始年龄。老虎台组地层剖面顶部拉斑玄武岩的坪年龄为(60.1±1.48)Ma，正、反等值线年龄 T_3 和 T_4 分别为(58.2±1.80)Ma、(58.3±1.80)Ma，在误差范围内与坪年龄相一致，因此 60 Ma 代表了老虎台组玄武岩喷发的终止年龄。综上所述，老虎台组玄武岩喷发年龄为 70～60 Ma，即白垩纪末期至新生代早期。

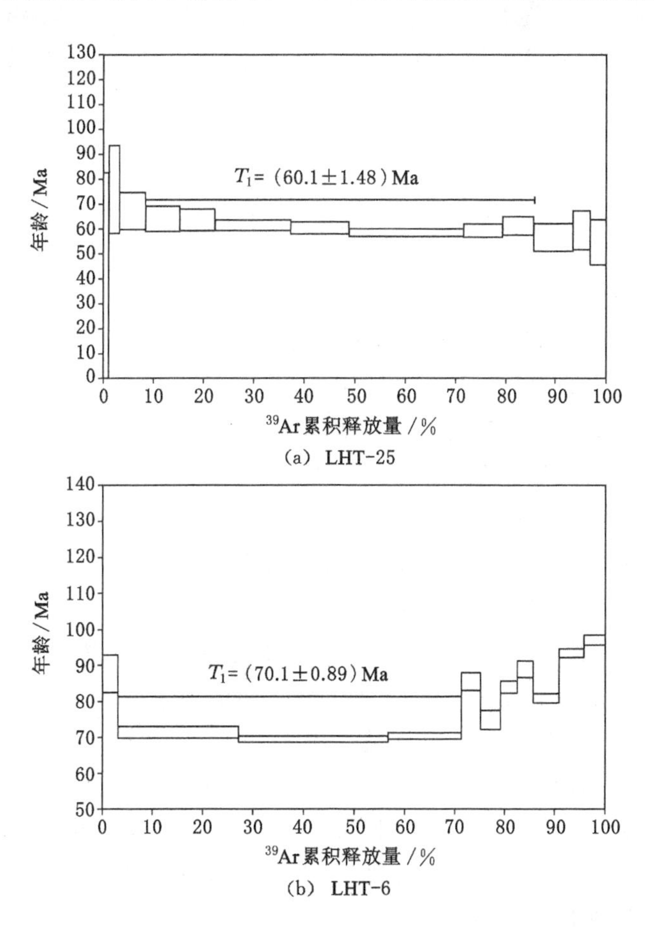

(a) LHT-25

(b) LHT-6

图 2-3　老虎台组玄武岩全岩激光阶段加热 Ar-Ar 测年法年龄谱

二、岩石学特征

老虎台组碱性玄武岩呈黑色，致密块状，斑晶主要为辉石（占比 5%～10%）和少量橄榄石（占比小于 2%），基质主要由长石（占比 20%～40%）、辉石（占比 30%～40%）、橄榄石以及少量磁铁矿组成，具有显微辉长辉绿结构。拉斑玄武岩特征与碱性玄武岩相似，只是斑晶和基质的粒度稍大，基质具有辉长结构。在岩流单位的顶部多见气孔构造和充填着细密的绿泥石杏仁，如图 2-4 所示。

(a) LHT-25

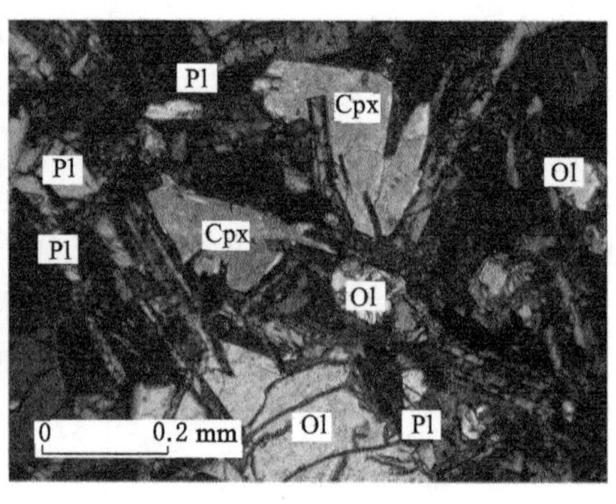

(b) LHT-1

Ol—橄榄石；Cpx—单斜辉石；Pl—斜长石。

图 2-4　老虎台组玄武岩结构特征

三、主量元素组成特征

CIPW 标准矿物计算结果（表 2-2）显示，老虎台组地层剖面中上部的玄武岩均出现了石英（Q）和橄榄石（Ol），以及质量含量较高（15.2%～18.7%）的紫苏辉石（Hy），指示岩石的亚碱性特征；剖面下部的玄武岩均出现 Ol 和质量含量较低（低于 6.5%）的 Hy，而没出现 Q，其中 LHT-9、LHT-11 还出现了 Ne（霞石），而没出现 Hy，这指示了岩石的碱性特征。CIPW 标准矿物的定义为在 CIPW 岩石化学计算法中，为了能将火成岩的化学成分换算成相应的理想矿物成分而人为设定作为标准的若干种理想矿物，包括石英（Q）、正长石（Or）、钠长石（Ab）、钙长石（An）、霞石（Ne）、透辉石（Di）、紫苏辉石（Hy）、橄榄石（Ol）、钛铁矿（Il）、赤铁矿（Hm）、榍石（Tn）、钙铁矿（Pf）、磷灰石（Ap）等。老虎台组玄武岩部分主量元素化合物含量之间的关系如图 2-5 所示。由图 2-5(a) 可知，剖面中上部的玄武岩投点落在亚碱性玄武岩区，而在图 2-5(b) 中则落入了拉斑玄武岩区，结合 CIPW 标准矿物含量计算结果确定其为拉斑玄武岩；剖面下部的玄武岩投点落入了碱性玄武岩区，结合 CIPW 标准矿物含量计算结果确定其为碱性玄武岩。碱性玄武岩的 Na_2O 含量、K_2O 含量之和与 SiO_2 含量呈负相关关系，这可能是深部地幔不同程度的部分熔融所造成的。

表 2-2　老虎台组玄武岩主量元素化合物含量、CIPW 标准矿物含量及 Mg# 值

名称		碱性玄武岩						拉斑玄武岩						
		LHT-1	LHT-3	LHT-6	LHT-7	LHT-9	LHT-11	LHT-14	LHT-15	LHT-16	LHT-18	LHT-20	LHT-23	LHT-25
主量元素化合物含量/%	SiO_2	47.59	47.71	48.09	47.53	47.09	45.58	49.40	48.92	48.61	49.57	49.04	49.21	49.07
	TiO_2	2.41	2.37	2.37	2.38	2.32	2.32	1.55	1.51	1.50	1.57	1.48	1.59	1.52
	Al_2O_3	12.76	12.94	13.06	13.23	12.80	12.41	14.35	14.25	14.37	14.55	14.36	14.41	14.47
	Fe_2O_3	13.06	12.97	12.92	12.86	12.64	12.56	13.04	13.18	13.00	12.95	12.99	13.04	12.40
	MgO	8.85	8.74	8.67	8.49	8.52	8.57	8.37	8.78	8.51	8.03	8.81	8.12	9.52
	MnO	0.16	0.16	0.16	0.16	0.15	0.16	0.16	0.16	0.16	0.16	0.16	0.16	0.15
	CaO	7.29	7.71	7.73	7.48	7.56	6.72	8.76	8.84	8.88	9.10	8.97	9.00	9.09
	Na_2O	4.27	3.98	3.95	4.08	4.36	4.41	2.88	2.91	2.69	2.93	2.90	2.78	2.87
	P_2O_5	0.40	0.39	0.38	0.38	0.38	0.36	0.16	0.16	0.15	0.17	0.15	0.17	0.16
	K_2O	1.12	1.08	1.15	1.15	1.26	1.10	0.56	0.29	0.27	0.30	0.29	0.32	0.41
CIPW 标准矿物含量/%	Q	0.0	0.0	0.0	0.0	0.0	0.0	3.6	3.2	4.3	4.4	3.1	4.7	1.6
	Or	6.8	6.5	6.9	6.9	7.6	6.9	3.3	1.7	1.6	1.8	1.7	1.9	2.4
	Ab	36.9	34.4	33.9	35.4	35.3	37.1	24.6	24.9	23.2	24.9	24.7	23.8	24.4
	An	12.6	14.5	14.8	14.7	12.0	11.5	24.8	25.2	26.8	25.8	25.5	26.2	25.5
	Ne	0.0	0.0	0.0	0.0	1.5	1.3	0.0	0.0	0.0	0.0	0.0	0.0	0.0
	Di	10.7	11.0	10.8	10.0	12.7	10.5	10.2	10.4	9.6	10.6	10.7	10.1	10.9
	Hy	1.7	5.5	6.5	3.8	0.0	0.0	16.3	17.3	17.1	15.2	17.1	15.8	18.7
	Ol	11.1	8.2	7.3	9.2	11.2	12.5	0.0	0.0	0.0	0.0	0.0	0.0	0.0
	Il	0.3	0.3	0.3	0.3	0.3	0.4	0.3	0.4	0.4	0.3	0.3	0.3	0.3
	Hm	13.3	13.2	13.1	13.2	13.0	13.3	13.1	13.3	13.2	13.0	13.1	13.2	12.4
	Tn	5.6	5.5	5.5	5.5	0.0	0.0	3.4	3.3	3.3	3.4	3.2	3.5	3.3
	Pf	0.0	0.0	0.0	0.0	3.8	3.9	0.0	0.0	0.0	0.0	0.0	0.0	0.0
	Ap	0.9	0.9	0.9	0.9	0.9	0.9	0.4	0.4	0.4	0.4	0.4	0.4	0.4
Mg# 值		61.22	61.09	60.98	60.61	61.11	61.40	59.93	60.82	60.41	59.10	61.23	59.22	64.14

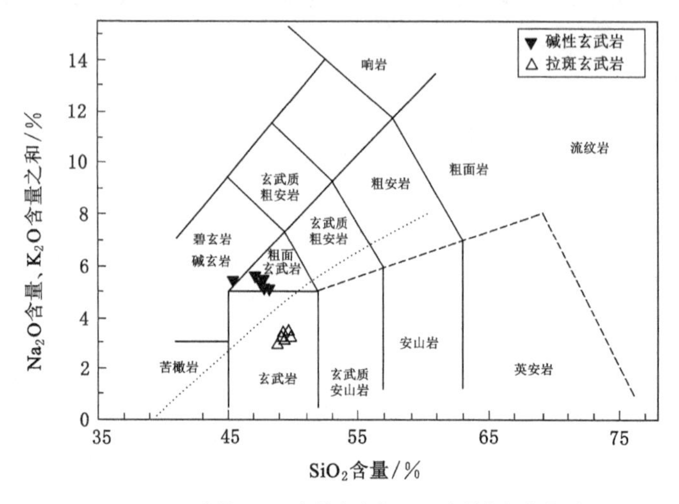

(a) Na_2O含量、K_2O含量之和与SiO_2含量之间的关系

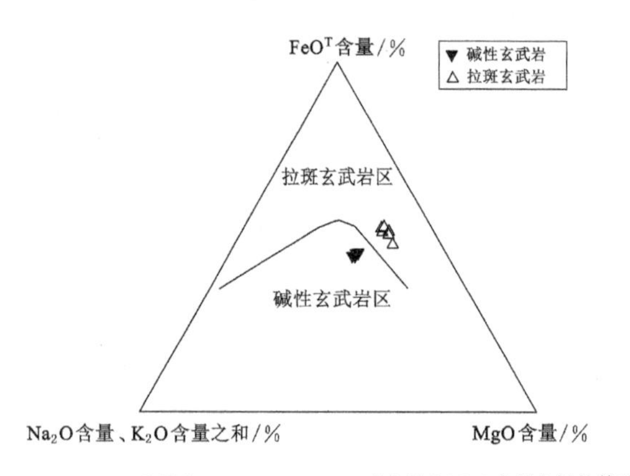

(b) Na_2O含量与K_2O含量之和、FeO^T含量和MgO含量之间的关系

图 2-5　老虎台组玄武岩部分主量元素化合物含量之间的关系

由表 2-2 可知，老虎台组玄武岩的 SiO_2 含量集中在 47.09%～49.57%，MgO 含量相对较高且变化范围不大(含量为 8.03%～9.52%)，Mg#值为 59.10～64.14，其中采自剖面顶部的样品 LHT-25 的 MgO 含量最高、Mg#值最大。碱性玄武岩的 Na_2O 含量、K_2O 含量、TiO_2 含量、P_2O_5 含量均较高，而拉斑玄武岩的 SiO_2 含量、CaO 含量、Al_2O_3 含量均较高。碱性玄武岩中 Fe_2O_3 含量、TiO_2 含量、P_2O_5 含量在剖面上由底部向顶部逐步降低，拉斑玄武岩中 Fe_2O_3 的含量由剖面底部的 13.00%～13.18%降低至剖面顶部的 12.40%。

华北汉诺坝产有碱性玄武岩和拉斑玄武岩，目前对二者的研究程度较深。此外，碱锅玄武岩是华北板块内最早出现的具有软流圈性质的玄武岩，所以本书将老虎台组玄武岩与它进行对比分析。与汉诺坝玄武岩和碱锅玄武岩相比，老虎台组碱性玄武岩的 SiO_2 含量、Yb 含量、Ni 含量、Na_2O 含量均明显较高，Fe_2O_3 含量、Al_2O_3 含量、CaO 含量均明显较低，如图 2-6 所示。大多数汉诺坝碱性玄武岩含有 Ne 标准矿物，而大多数老虎台组玄武岩(LHT-9、LHT-11 除外)只有 Ol 标准矿物。

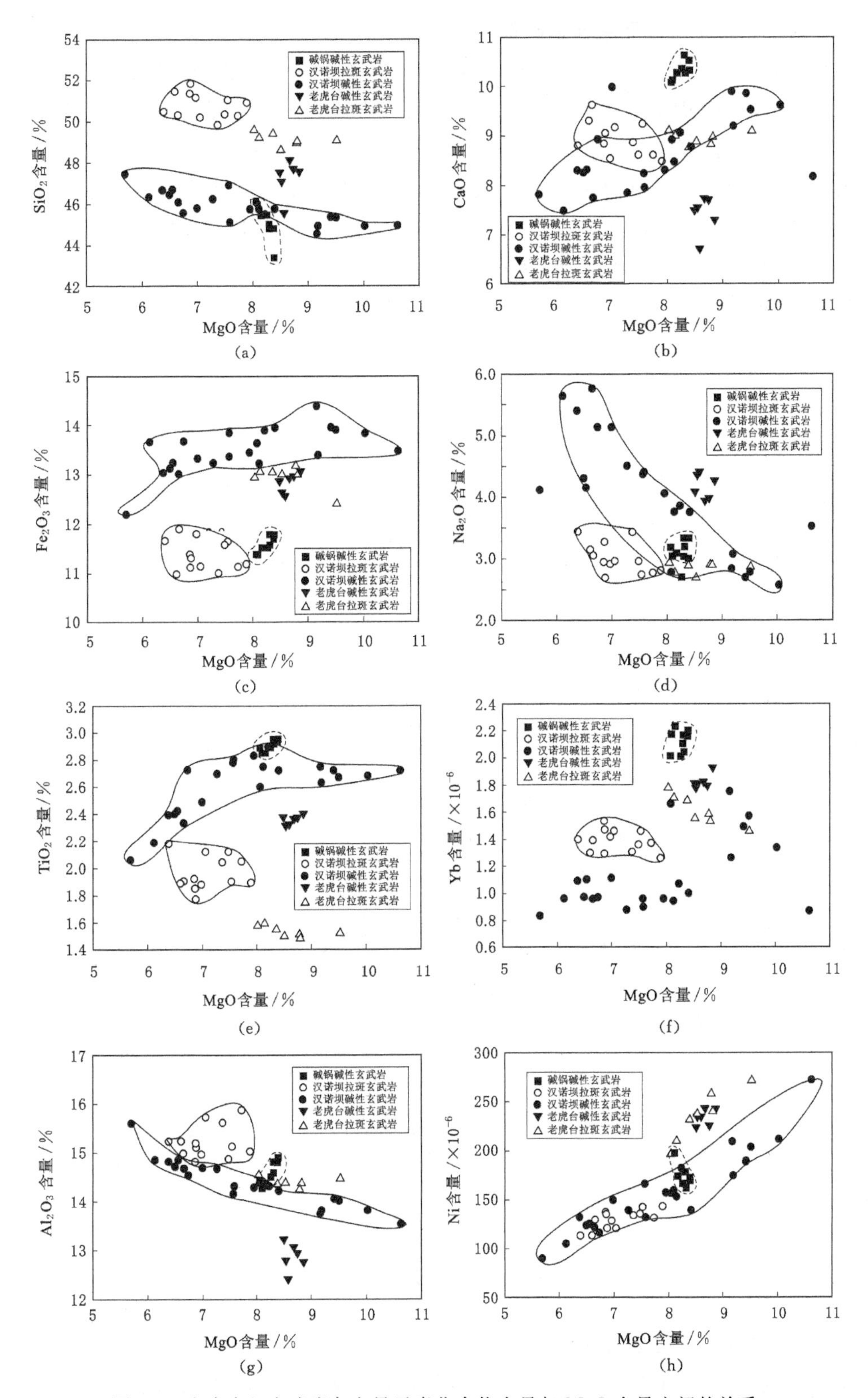

图 2-6　老虎台组玄武岩各主量元素化合物含量与 MgO 含量之间的关系

四、稀土元素和微量元素含量特征

拉斑玄武岩和碱性玄武岩的几种样品各自具有一致的稀土元素配分模式，如图 2-7(a)所示。图 2-7(b)中 MORB 代表洋中脊玄武岩。碱性玄武岩的稀土元素含量($119.2\times10^{-6}\sim129.5\times10^{-6}$)高于拉斑玄武岩的稀土元素含量($58.2\times10^{-6}\sim65.5\times10^{-6}$)，且轻重稀土元素分异程度(La/Yb 为 La 与 Yb 的含量之比，表示稀土元素的分异程度，该含量比值为 11.3～12.1)也高于拉斑玄武岩(La/Yb＝5.0～5.3)。自地层剖面的底部至顶部，样品中稀土元素含量呈逐渐降低的趋势。由图 2-7(b)可知，拉斑玄武岩和碱性玄武岩均存在 Nb、Ta 的正异常，类似于 OIB 微量元素配分模式。拉斑玄武岩还存在 Sr 的正异常。

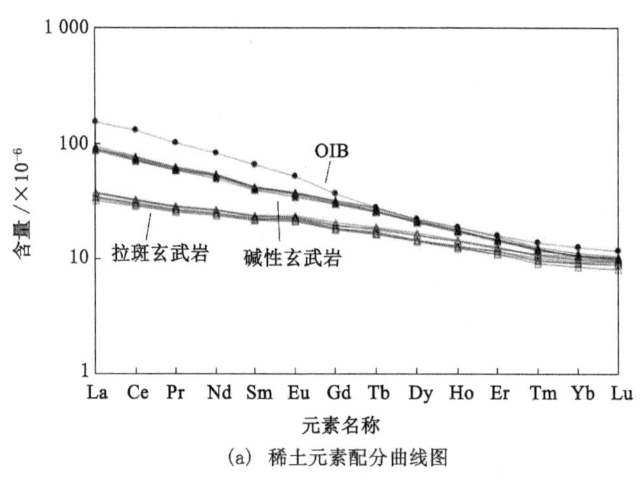

(a) 稀土元素配分曲线图

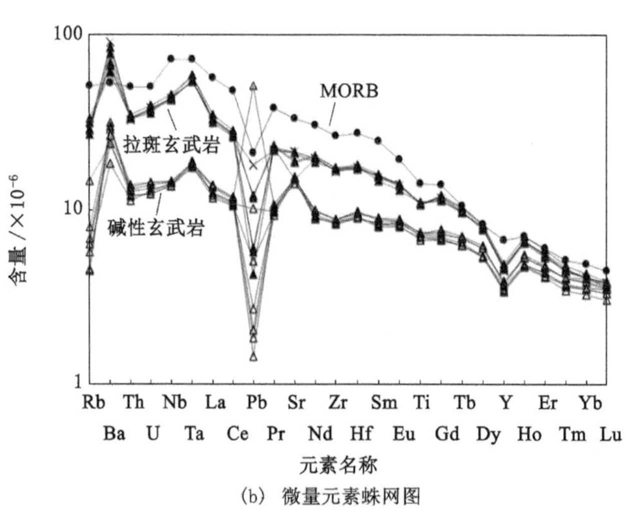

(b) 微量元素蛛网图

图 2-7　拉斑玄武岩和碱性玄武岩的稀土元素配分曲线图和微量元素蛛网图

五、Sr-Nd 同位素组成特征

老虎台组玄武岩 Sr-Nd 同位素组成及含量比值见表 2-3。老虎台组玄武岩微量元素含量见表 2-4。老虎台组玄武岩 $\varepsilon_{Nd}(t)$和$(^{87}Sr/^{86}Sr)_i$ 之间的关系如图 2-8 所示。

表 2-3　老虎台组玄武岩 Sr-Nd 同位素组成及含量比值

名称	碱性玄武岩			拉斑玄武岩		
	LHT-1	LHT-6	LHT-9	LHT-14	LHT-20	LHT-25
$^{87}Sr/^{86}Sr$	0.705 569	0.705 367	0.704 770	0.704 251	0.704 482	0.703 759
$^{143}Nd/^{144}Nd$	0.512 548	0.512 548	0.512 548	0.512 561	0.512 561	0.512 561
$(^{87}Sr/^{86}Sr)_t$	0.705 437	0.705 248	0.704 614	0.704 174	0.704 451	0.703 731
$(^{143}Nd/^{144}Nd)_t$	0.512 670	0.512 667	0.512 642	0.512 736	0.512 726	0.512 831
$\varepsilon_{Nd}(t)$	2.38	2.32	1.84	3.43	3.24	5.30

表 2-4　老虎台组玄武岩微量元素含量

名称		碱性玄武岩						拉斑玄武岩						
		LHT-1	LHT-3	LHT-6	LHT-7	LHT-9	LHT-11	LHT-14	LHT-15	LHT-16	LHT-18	LHT-20	LHT-23	LHT-25
含量/$\times10^{-6}$	Sc	21.1	21.0	20.4	20.5	20.9	21.5	23.3	23.2	21.7	23.6	21.7	24.0	21.9
	Ti	13 006	12 889	13 093	12 852	13 186	13 339	8 772	8 792	8 384	8 982	8 080	8 987	8 430
	V	181	177	179	175	178	179	154	153	149	153	143	157	140
	Cr	232	223	233	208	236	229	257	268	256	237	243	249	297
	Mn	1 341	1 238	1 280	1 265	1 268	1 302	1 288	1 302	1 288	1 252	1 253	1 284	1 185
	Co	62.3	69.0	59.2	65.7	59.2	72.9	64.1	64.6	93.7	57.6	61.6	60.9	61.2
	Ni	243	226	242	224	234	234	231	258	238	195	240	209	271
	Cu	70.4	69.0	78.9	61.9	74.7	68.0	84.6	80.1	78.8	79.7	75.3	83.6	72.4
	Zn	126	120	125	121	120	124	112	106	106	101	104	110	103
	Ga	17.8	20.2	19.9	17.9	20.9	17.1	19.0	18.3	17.9	17.8	18.2	19.0	17.7
	Ge	1.01	1.09	1.11	1.08	1.04	1.07	1.03	1.17	1.11	1.06	1.05	1.11	1.15
	Rb	17.40	16.30	17.30	16.90	20.10	19.10	8.86	2.71	2.76	4.12	3.80	4.79	3.43
	Sr	381	430	419	432	370	296	283	306	296	302	306	304	300
	Y	20.9	20.3	19.8	19.2	20.3	19.7	16.3	15.6	14.9	16.3	15.2	16.7	14.5
	Zr	184.0	176.0	181.0	173.0	183.0	177.0	92.6	89.6	87.4	92.9	87.4	93.7	91.6
	Nb	29.90	27.80	28.40	28.40	28.80	28.80	9.55	9.03	9.00	9.53	8.94	9.68	9.40
	Ba	565	515	457	604	439	405	158	199	209	175	157	191	122
	La	22.80	21.60	20.60	21.10	21.50	21.10	8.65	8.11	7.89	8.83	8.08	8.97	7.57
	Ce	47.4	45.3	43.6	44.3	45.8	44.6	19.4	18.5	17.9	19.7	18.3	19.9	17.5
	Pr	5.99	5.76	5.59	5.59	5.84	5.73	2.64	2.52	2.46	2.72	2.51	2.70	2.38
	Nd	25.4	24.7	23.5	24.5	25.1	24.5	12.2	11.6	11.3	12.5	11.5	12.3	11.0
	Sm	6.47	6.42	6.00	6.30	6.38	6.24	3.63	3.43	3.26	3.64	3.34	3.54	3.30
	Eu	2.16	2.15	2.00	2.14	2.17	2.10	1.37	1.28	1.22	1.32	1.25	1.33	1.31
	Gd	6.60	6.53	6.11	6.31	6.47	6.17	4.22	3.75	3.64	3.91	3.67	4.02	3.73
	Tb	1.03	1.01	0.95	0.96	0.97	0.96	0.69	0.64	0.62	0.69	0.62	0.67	0.61

表 2-4(续)

名称		碱性玄武岩						拉斑玄武岩						
		LHT-1	LHT-3	LHT-6	LHT-7	LHT-9	LHT-11	LHT-14	LHT-15	LHT-16	LHT-18	LHT-20	LHT-23	LHT-25
含量 $/\times10^{-6}$	Dy	5.59	5.46	5.18	5.35	5.26	5.30	4.22	3.68	3.63	4.06	3.65	4.04	3.59
	Ho	1.06	1.00	0.97	0.99	0.98	0.98	0.83	0.73	0.72	0.80	0.72	0.80	0.70
	Er	2.59	2.42	2.35	2.40	2.45	2.41	2.09	1.89	1.82	2.05	1.93	2.06	1.81
	Tm	0.32	0.31	0.31	0.30	0.31	0.31	0.28	0.26	0.25	0.28	0.25	0.28	0.23
	Yb	1.92	1.80	1.82	1.81	1.78	1.81	1.68	1.58	1.55	1.78	1.54	1.71	1.46
	Lu	0.26	0.25	0.25	0.26	0.25	0.26	0.24	0.24	0.23	0.26	0.23	0.24	0.21
	Hf	5.13	4.88	4.99	4.92	4.86	5.01	2.66	2.57	2.53	2.75	2.57	2.78	2.59
	Ta	2.18	2.04	2.04	2.00	2.00	2.18	0.68	0.67	0.70	0.68	0.64	0.69	0.66
	Pb	1.75	0.90	1.83	2.72	0.86	0.64	0.22	0.41	0.76	7.76	1.53	0.31	0.28
	Th	2.79	2.63	2.68	2.60	2.66	2.65	1.03	1.02	0.95	1.08	0.97	1.10	0.89

由表 2-3 可知，老虎台组玄武岩的^{87}Sr和^{86}Sr含量比值为 0.703 759～0.705 569，^{143}Nd和^{144}Nd含量比值为 0.512 548～0.512 561，相对应的$\varepsilon_{Nd}(t)$值为 1.84～5.30。值得注意的是，老虎台组拉斑玄武岩的$\varepsilon_{Nd}(t)$值为 3.24～5.30，大于碱性玄武岩的$\varepsilon_{Nd}(t)$值(1.84～2.38)，正好与汉诺坝玄武岩和大同玄武岩的情况相反。在汉诺坝和大同，碱性玄武岩的$\varepsilon_{Nd}(t)$值通常要大于拉斑玄武岩，如图 2-8 所示。

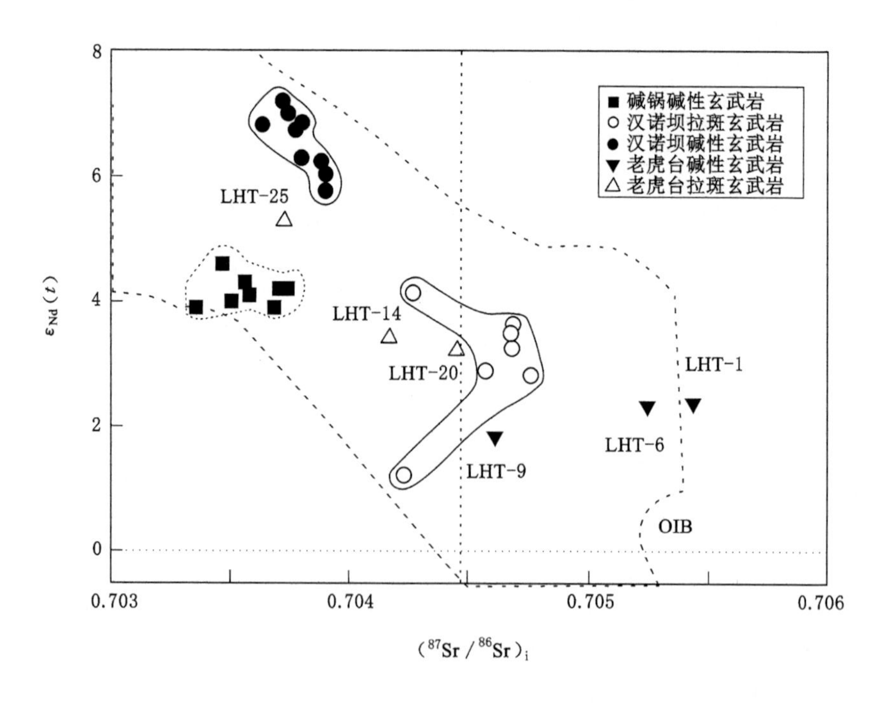

图 2-8　老虎台组玄武岩$\varepsilon_{Nd}(t)$与$(^{87}Sr/^{86}Sr)_i$之间的关系

自地层剖面的底部至顶部，老虎台组玄武岩的 Nd-Sr 同位素组成呈逐渐亏损的趋势。其中，^{87}Sr 含量与 ^{86}Sr 含量的比值自剖面底部的 0.705 569 逐渐降低至剖面顶部的 0.703 759，$\varepsilon_{Nd}(t)$值由 1.84～2.38 逐渐增大至 5.30。位于剖面顶部 LHT-25 样品的$(^{87}Sr/^{86}Sr)_t$ 和 $\varepsilon_{Nd}(t)$值分别为 0.703 731 和 5.30，它是所有老虎台组玄武岩样品中同位素亏损特征最明显的。$(^{87}Sr/^{86}Sr)_t$ 为时间 t 对应的样品 ^{87}Sr 含量与 ^{86}Sr 含量的比值，其他元素类同。

第四节 抚顺老虎台组玄武岩的成因

本书研究的老虎台组玄武岩由碱性玄武岩和拉斑玄武岩组成。碱性玄武岩和拉斑玄武岩共生的现象在华北地区的汉诺坝和大同也有。相关研究成果显示，共生的碱性玄武岩和拉斑玄武岩具有以下特征：① 碱性玄武岩含有 Ne 标准矿物，而拉斑玄武岩有 Q 标准矿物；② 碱性玄武岩具有类似于洋岛玄武岩(OIB)的微量元素和同位素特征，而拉斑玄武岩的 $\varepsilon_{Nd}(t)$通常要小于碱性玄武岩，其微量元素含量比值投点有时落在 OIB 区。对这种特征的常规解释是，碱性玄武岩由深部地幔(压强大于 3 MPa)小程度部分熔融而成，而拉斑玄武岩则由浅部地幔(压强为 1.5～2.5 MPa)大程度部分熔融而形成。由于碱性玄武岩挥发性组分含量高，岩浆上升速率大，因此其与岩石圈的反应程度小，基本反映了软流圈地幔的成分特征；相反，拉斑玄武岩中挥发性组分含量低，岩浆上升速率小，与岩石圈的反应程度相对较大，因此其具有比碱性玄武岩小的 $\varepsilon_{Nd}(t)$；另一种解释是碱性玄武岩来自软流圈，而拉斑玄武岩来自岩石圈。

综上所述，老虎台组玄武岩显示了与众不同的特征，即拉斑玄武岩的喷发时间晚于碱性玄武岩，更重要的是，拉斑玄武岩的 $\varepsilon_{Nd}(t)$大于碱性玄武岩，其中采自火山岩剖面顶部的 LHT-25 的 $\varepsilon_{Nd}(t)$值接近中国东部新生代玄武岩 $\varepsilon_{Nd}(t)$的最大值。此外，同中国东部新生代玄武岩相比，老虎台组玄武岩，特别是碱性玄武岩，具有较低含量的 Al_2O_3 和 CaO，因此，任何一个岩石成因模型应能合理地解释老虎台组碱性玄武岩和拉斑玄武岩成分差异的原因。在下面的讨论中，我们将剖析老虎台组碱性玄武岩和拉斑玄武岩的成分差异是由结晶分异作用、地壳混染作用和岩浆形成深度造成的，还是由源区特征差异造成的。

一、非混染作用成因

老虎台组玄武岩的 Mg＃值相对较低(59.10～64.14)，这暗示结晶分异作用的存在。老虎台组玄武岩的地壳混染判别图如图 2-9 所示，分离结晶矿物的判别图如图 2-10 所示。由图 2-9(b)可知，虽然 Nb/La 与 SiO_2 含量呈负相关关系，但老虎台组玄武岩的 Nb/La 均大于 1，因此这一负相关关系不可能是由地壳混染造成的。由图 2-9(d)可知，SiO_2 含量与 $\varepsilon_{Nd}(t)$呈正相关关系，这就排除了地壳混染的可能性，因为 SiO_2 含量较高的拉斑玄武岩的 $\varepsilon_{Nd}(t)$大于 SiO_2 含量较低的碱性玄武岩，这与地壳混染模型的预测结果相反。由图 2-10 可知，Cr 含量与 MgO 含量呈正相关关系，CaO/Al_2O_3 与 CaO 含量也呈正相关关系，这说明橄榄石和辉石为老虎台组玄武岩主要的分离结晶矿物。在蛛网图[图 2-7(b)]上，老虎台组玄武岩不存在微量元素锶(Sr)、铕(Eu)的负异常，因此长石不是主要的分离结晶矿物。

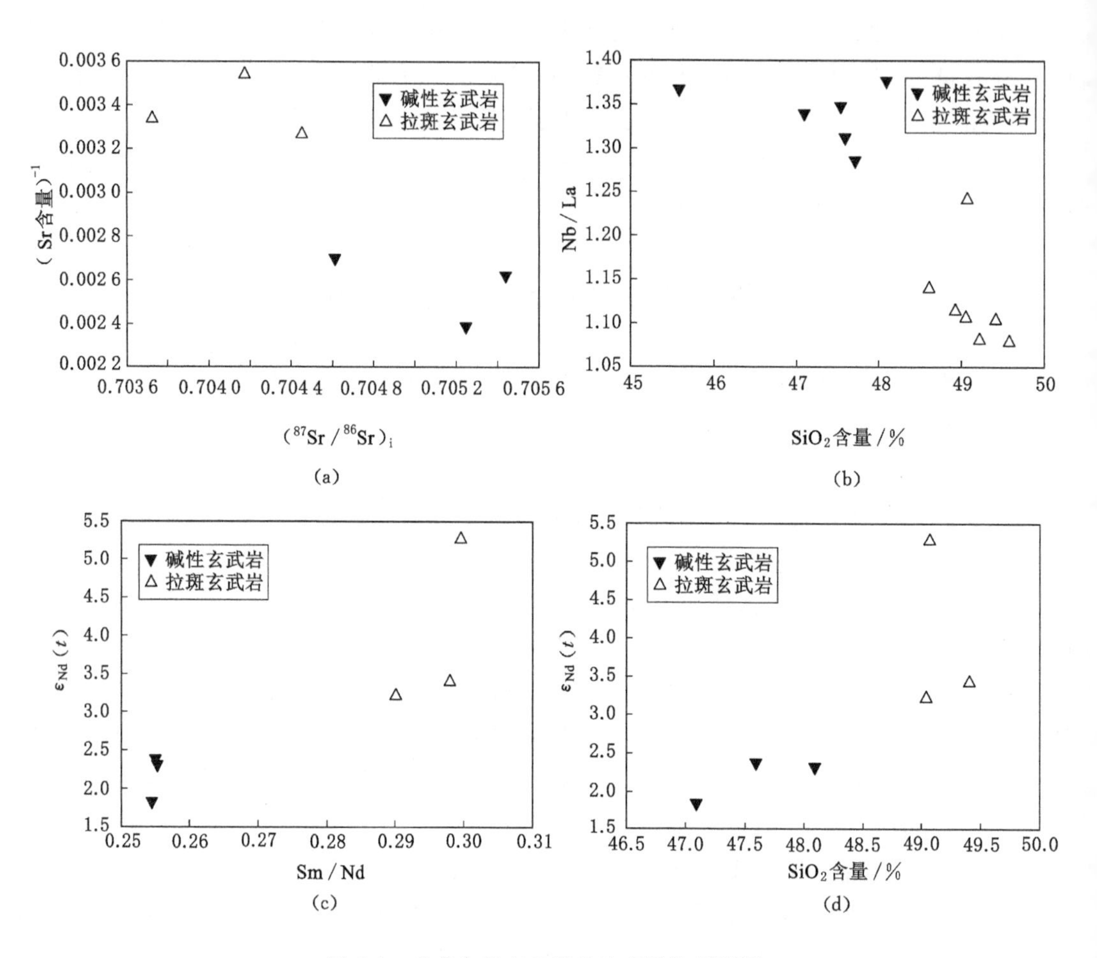

图 2-9　老虎台组玄武岩的地壳混染判别图

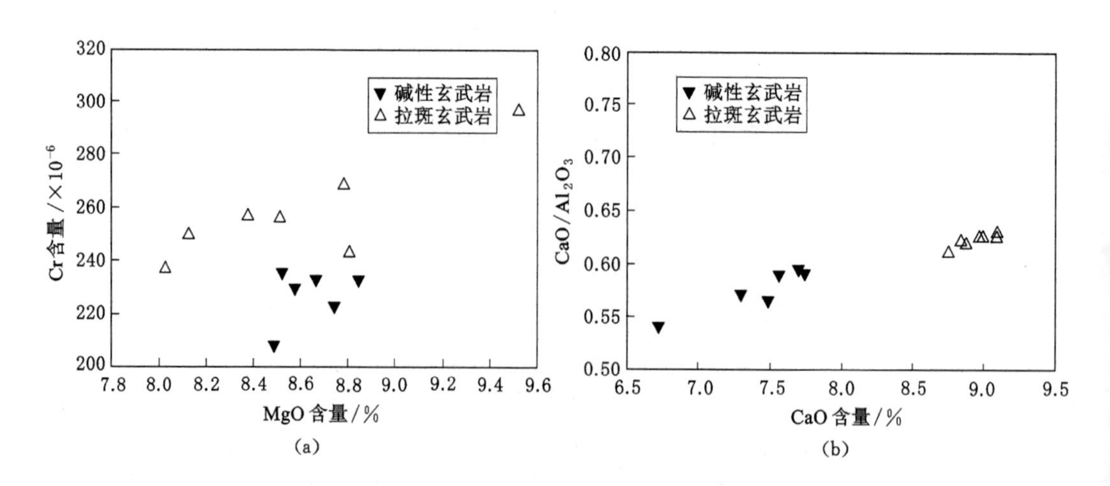

图 2-10　老虎台组玄武岩分离结晶矿物判别图

在相同的 MgO 含量下，老虎台组碱性玄武岩和拉斑玄武岩具有明显不同的 TiO_2 含量。此外，两者之间也有不同的 Sr-Nd 同位素组成。所以，碱性玄武岩和拉斑玄武岩之间不可能是简单的分离结晶关系。

二、岩浆起源深度

试验岩石学研究显示，地幔熔融的压力对硅饱和程度有很大的影响，在较大压力下熔融产生的岩浆出现 Ne 标准矿物，而在较小压力下熔融的岩浆出现 Q 和较多 Hy 标准矿物。老虎台组碱性玄武岩 LHT-9、LHT-11 出现了较少的 Ne 标准矿物，拉斑玄武岩出现了 Q 标准矿物，因此推测老虎台组碱性玄武岩的形成深度大于老虎台组拉斑玄武岩。值得注意的是，与汉诺坝玄武岩和碱锅碱性玄武岩普遍出现 Ne 标准矿物且含量较高(2.3%～11.0%)相比，老虎台组碱性玄武岩只有 LHT-9、LHT-11 出现较少的 Ne 标准矿物，且 SiO_2 含量较汉诺坝玄武岩和碱锅碱性玄武岩高，因此推测老虎台组玄武岩的形成深度小于汉诺坝玄武岩和碱锅碱性玄武岩。

通过稀土元素的特征可以区分尖晶石相和石榴子石相橄榄岩的熔融程度。由于 Yb 在石榴子石中是相容元素，而 La 和 Sm 是不相容元素，因此当石榴子石相为残留相时，La/Yb 和 Sm/Yb 变化显著，而在尖晶石相稳定区，La/Yb 变化较小，Sm/Yb 几乎不变，如图 2-11 所示。

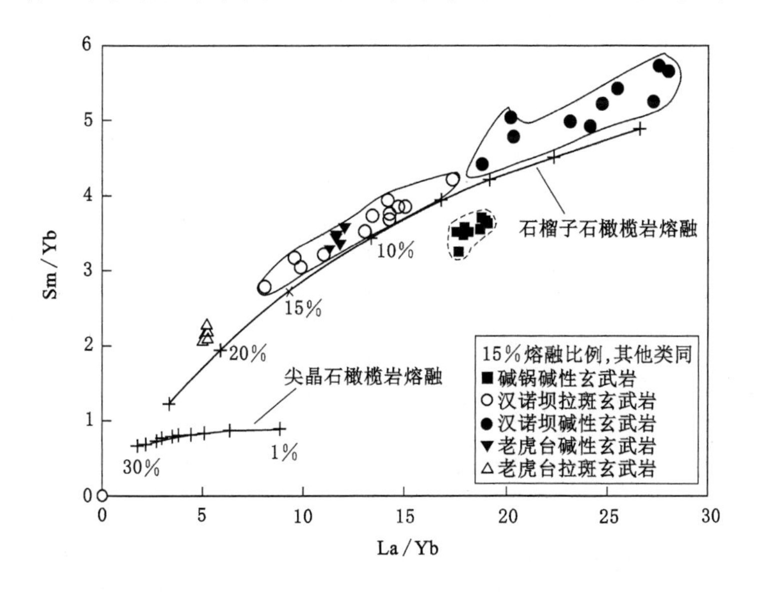

图 2-11　Sm/Yb 与 La/Yb 之间的变化关系

由图可知，老虎台组碱性玄武岩和拉斑玄武岩都显示源区有石榴子石，但熔融程度不同，碱性玄武岩的源区石榴子石橄榄岩熔融比例集中在 12%～13%，而拉斑玄武岩集中在 20%。值得注意的是，老虎台组玄武岩的熔融程度大于其他地区玄武岩的熔融程度，其中老虎台组碱性玄武岩的熔融程度只相当于汉诺坝拉斑玄武岩的熔融程度。由于熔融程度与岩浆形成深度呈正比关系，这再次表明老虎台组碱性玄武岩的形成深度小于汉诺坝玄武岩和碱锅碱性玄武岩。

为了进一步估算老虎台组玄武岩的形成深度，本书运用 Langmuir 的地幔动态熔融模型进行了计算，结果见表 2-5。由于老虎台组玄武岩 FeO 含量比 MORB 地幔源高，因此在模拟老虎台组玄武岩过程中所选取的源区为 Langmuir 定义的富集地幔源。为减少结晶分异带来的影响，统一选取当 MgO 含量为 8.0%和烧失量小于 3.0%时老虎台组玄武岩主量元素含量与 MgO 含量的线性回归值，并通过逐步提高橄榄石的含量使玄武质岩浆与橄榄石含量达到平衡。不同起始熔融深度产生岩浆的 Na_2O 含量和 FeO^T 含量的变化趋势如图 2-12 所示。图 2-12 左上角部分为图中方框区域的放大示意图。图中曲线是根据地幔动态熔融模型计算的不同起始熔融深度产生岩浆的 Na 含量、Fe 含量变化趋势，其中 Fe 含量以 FeO^T 的含量计算，Na 含量以 Na_2O 含量计算。老虎台组玄武岩起始熔融深度对应的压强 P_0 和最终熔融深度对应的压强 P_f 以及起始熔融深度 Z_0 和最终熔融深度 Z_f 见表 2-5。由表可知，碱性玄武岩 Z_0 和 Z_f 的平均值分别为 114 km 和 102 km，分别大于拉斑玄武岩的 Z_0 平均值(101 km)和 Z_f 平均值(74 km)。

表 2-5　地幔动态熔融模型计算结果

名称		化合物含量/%		压强/MPa		深度/km		占比/%
岩性	代号	FeO^T	Na_2O	P_0	P_f	Z_0	Z_f	F
碱性玄武岩	LHT-1	11.392 23	4.007 918	4.0	3.7	120	111	9.65
	LHT-3	11.171 37	3.847 810	3.7	3.3	111	99	9.65
	LHT-6	11.221 63	3.758 839	3.8	3.4	114	102	10.10
	LHT-7	11.228 15	3.851 085	3.8	3.4	114	102	10.25
	LHT-9	11.242 31	3.579 339	3.7	3.2	111	96	9.55
拉斑玄武岩	LHT-14	11.066 76	2.635 342	3.3	2.3	99	69	10.50
	LHT-15	12.066 76	2.652 191	3.5	2.6	105	78	9.90
	LHT-16	13.066 76	2.665 364	3.5	2.7	105	81	10.35
	LHT-18	14.066 76	2.672 576	3.3	2.4	99	72	11.15
	LHT-20	15.066 76	2.640 631	3.4	2.5	102	75	9.45
	LHT-23	16.066 76	2.673 368	3.4	2.5	102	75	11.10
	LHT-25	17.066 76	2.712 005	3.1	2.2	93	66	6.40

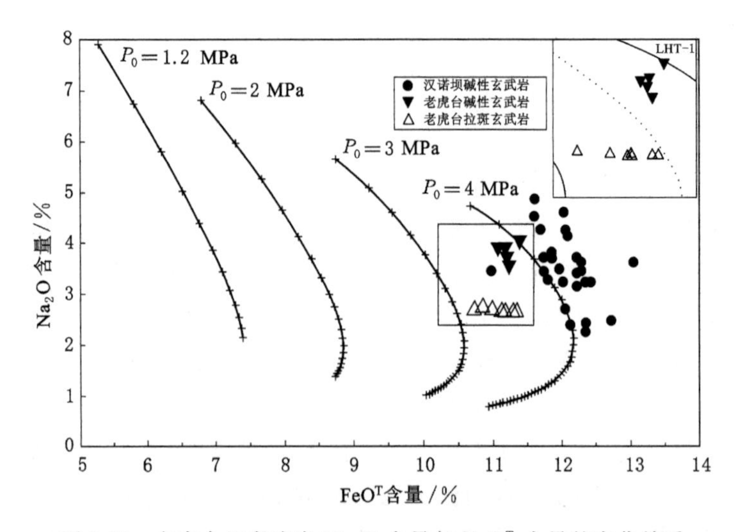

图 2-12　老虎台组玄武岩 Na_2O 含量与 FeO^T 含量的变化关系

三、岩浆源区特征

虽然熔融条件(熔融程度和熔融深度)的不同可以解释老虎台组碱性玄武岩与拉斑玄武岩主量元素组成的差异,但无法解释两者之间相近的 Ni 含量和不同的 Sr-Nd 同位素组成(与老虎台组拉斑玄武岩相比,老虎台组碱性玄武岩具有较为富集的同位素组成)。例如,老虎台组碱性玄武岩 SiO_2 的含量主要为 47.09%～48.09%,与拉斑玄武岩差别不大,且具有相近的 Ni 含量。Ni 是相容元素,在低度部分熔融时是强烈进入残留相的,所以低度部分熔融的碱性玄武岩应该亏损 Ni。随着部分熔融程度的增大,Ni 开始进入熔体,相对大比例熔融的产物,拉斑玄武岩的 Ni 含量应该大于碱性玄武岩。试验研究结果表明,辉石岩熔体的 Fe/Mn 与熔融程度呈负相关关系,然而老虎台组碱性玄武岩和拉班玄武岩的 Fe/Mn 基本相同或碱性玄武岩略大于拉斑玄武岩,如图 2-13 所示。由此可见,用部分熔融程度不能解释的现象可以用源区成分的差异来解释。

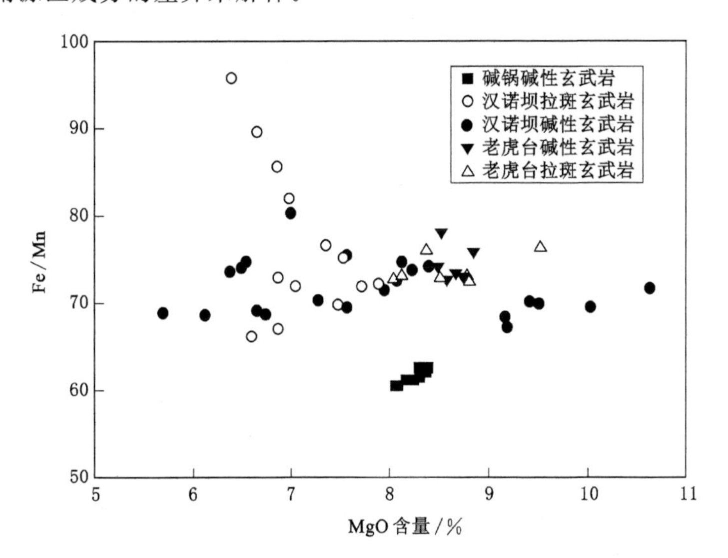

图 2-13　老虎台组玄武岩 Fe/Mn 和 MgO 含量的变化关系

老虎台组玄武岩存在 Nb、Ta 的正异常,且 $\varepsilon_{Nd}(t)>0$,说明老虎台组玄武岩主要来源于软流圈,但它具有较小的 Nb/U 和较大的 K/Nb、Th/Nb,显示了富集地幔类型Ⅰ(EMⅠ)的特征,如图 2-14 所示。同时与拉斑玄武岩相比,碱性玄武岩具有较大的$(^{87}Sr/^{86}Sr)_t$和较小的 $\varepsilon_{Nd}(t)$,这暗示除软流圈之外,还有其他组分参与了碱性玄武岩的形成。前面的讨论排除了地壳混染的可能性,因此岩石圈地幔最有可能参与了碱性玄武岩的组成。此外,老虎台组玄武岩具有较低的 Al_2O_3 含量。以橄榄石和单斜辉石为主的结晶分异作用会导致岩浆中 Al_2O_3 含量升高,而石榴石的分异作用会导致岩浆中 Al_2O_3 含量降低,同时也会降低岩浆中重稀土元素的含量,这与老虎台组玄武岩中相对较高的 Yb 含量相矛盾。所以,结晶分异作用不能解释老虎台组玄武岩中 Al_2O_3 含量低的成分特征。

微量元素分析表明,老虎台组玄武岩源区含有石榴石。如果岩浆源区为石榴石相橄榄岩,那么源区残留石榴石的缓冲作用会导致产生的岩浆中 Al_2O_3 含量较低。地球化学分析

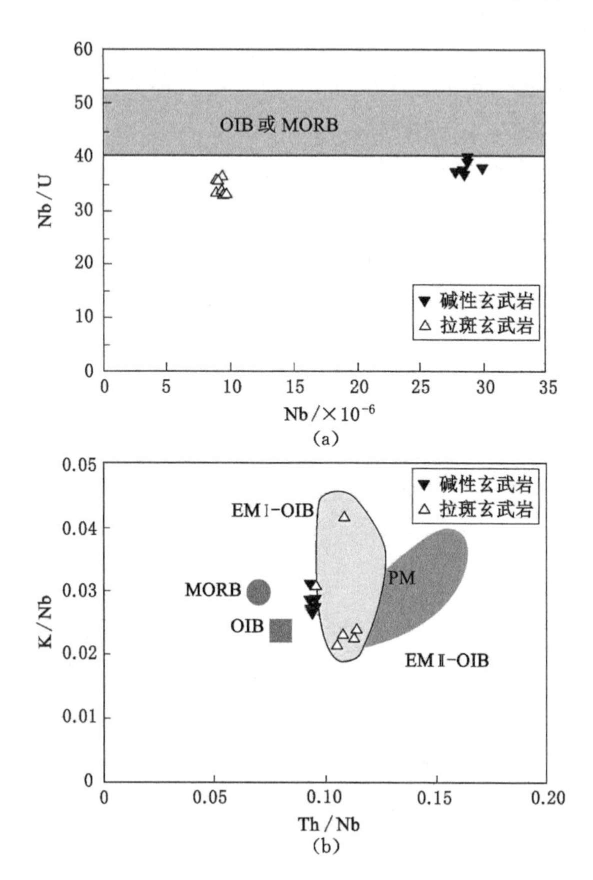

OIB—洋岛玄武岩;MORB—洋中脊玄武岩;EM Ⅰ—富集地幔类型Ⅰ;EM Ⅱ—富集地幔类型Ⅱ;PM—被动大陆边缘。

图 2-14 老虎台组玄武岩不相容元素含量之间的关系

表明,汉诺坝玄武岩的形成深度大于老虎台组玄武岩,而且汉诺坝碱性玄武岩的熔融程度小于老虎台碱性玄武岩(图 2-11),因此可以推断,残留石榴石的缓冲作用在汉诺坝碱性玄武岩中较在老虎台玄武岩中更为明显,但事实是根据图 2-6(d)可知,老虎台碱性玄武岩中的 Al_2O_3 含量低于汉诺坝碱性玄武岩。这说明老虎台组玄武岩源区除橄榄岩外,还应有石榴石辉石岩。同样的结论也可以从老虎台拉斑玄武岩的成分得出。在上地幔,尖晶石相和石榴石相地幔的转换带深度是 75 km,因此具有软流圈特征的拉斑玄武岩一般被认为起源于尖晶石相地幔,或岩石圈厚度小于 60 km 的地区,但老虎台拉斑玄武岩的源区有石榴石的存在。这一矛盾可以用起源于石榴石相稳定区,结束于尖晶石相稳定区的地幔熔融柱模型来解释,或者用尖晶石相橄榄岩稳定区中石榴石辉石岩参与岩浆作用来解释。由于结束于尖晶石相稳定区的地幔熔体的成分为尖晶石橄榄岩,因此第 2 种解释更为可能。

近年来,辉石岩作为玄武岩源区物质的重要性逐渐被认可。由于熔体与地幔橄榄岩的反应消耗硅不饱和的橄榄石,从而形成无橄榄石的辉石岩或石榴石辉石岩,由其产生的玄武岩熔体比橄榄岩源区产生的玄武岩熔体具有大的 Ni/MgO、Fe/Mn 和低含量的 CaO、Al_2O_3,这些正好符合老虎台组玄武岩的特征。

由 Sm/Nd 与 $\varepsilon_{Nd}(t)$之间的关系图和 MgO 含量与 $\varepsilon_{Nd}(t)$之间的关系图可知,老虎台组

玄武岩的 Sm/Nd 和 MgO 含量均与 $\varepsilon_{Nd}(t)$ 大致呈正相关关系，而由 SiO_2 含量与 $\varepsilon_{Nd}(t)$ 之间的关系图和 Nb/La 与 SiO_2 含量之间的关系图可知，$\varepsilon_{Nd}(t)$ 和 Nb/La 均与 SiO_2 含量呈负相关关系，这种相关关系可由两种同位素组成不同的端元之间的混合作用而产生。拉斑玄武岩 LHT-25 的 $\varepsilon_{Nd}(t)$ 接近中国东部新生代玄武岩的 $\varepsilon_{Nd}(t)$ 最高值，该样品中对压力敏感的 Fe_2O_3 含量也是最低的。Fe_2O_3 是软流圈地幔在最大拉张程度时最大比例熔融的产物，因此它可代表软流圈端元。另一个端元可能是辉石岩熔体，由于碱性玄武岩也是橄榄岩和辉石岩熔体的混合，且辉石岩成分不均一，因此难以准确限定。

四、岩石成因模式

前面的分析指出了老虎台组玄武岩源区由软流圈组分和辉石岩组分构成，那么辉石岩组分是在岩石圈中还是在软流圈中呢？这需要进一步分析。

(1) 如果辉石岩组分在岩石圈中，那么它参与岩浆作用的方式是，来源于软流圈的岩浆在上升至地表时与辉石岩的熔体发生混合。由于老虎台组碱性玄武岩中辉石岩组分较多，且碱性玄武岩的来源岩浆深度较大，这要求岩石圈中辉石岩的分布是深部多于浅部。

(2) 如果辉石岩组分在软流圈中，那么橄榄岩和辉石岩一起上涌，进而发生减压熔融。与橄榄岩相比，辉石岩的熔点较低，因此辉石岩开始熔融的深度比橄榄岩要大得多。因此，当一个由橄榄岩和辉石岩组成的不均一地幔发生上涌和减压熔融时，橄榄岩和辉石岩不同的熔融行为决定了所产生岩浆性质的不同。当岩石圈较厚时，部分熔融程度较小，此时熔融主要发生在辉石岩源区，因而形成了 Al 含量较低和 $\varepsilon_{Nd}(t)$ 值较小的碱性玄武岩；随着地幔进一步上涌，部分熔融程度逐渐增大，这时产生的岩浆为拉斑玄武岩，橄榄岩的贡献大于辉石岩，而且其中的辉石岩浓度被稀释而使拉斑玄武岩的 Al 含量较高和 $\varepsilon_{Nd}(t)$ 值较大。

虽然上述 2 种模式都能解释老虎台组玄武岩的性质随时间发生了有规律的变化，地层剖面下部碱性玄武岩的 $\varepsilon_{Nd}(t)$ 较上部的拉斑玄武岩小，但我们认为第 2 种模式更有可能，主要原因如下所述。

(1) 在第 1 种模式中，辉石岩的熔融起因于软流圈岩浆在穿过岩石圈时的加热。但是部分熔融程度与岩浆的生成量成正比，因此量大的拉斑玄武岩的形成过程应该有更多的辉石岩组分参与。板内玄武岩(产于板块内部远离板块边界的幔源火山岩)中经常出现拉斑玄武岩比碱性玄武岩有更多的富集组分就是因为前者部分熔融程度较大，能捕获更多的富集组分。因此这一模式不能很好地解释为什么量小的碱性玄武岩能够比量大的拉斑玄武岩捕获更多的辉石岩组分。

(2) 试验岩石学研究告诉我们，只有当辉石岩在较大的压力下才能产生 Al 含量较低的岩浆。如果辉石岩在岩石圈中，那么较小的压力似乎不能解释为什么老虎台组玄武岩的 Al 含量较低。

(3) 第 2 种模式可以克服上述两个缺陷。这一模式辉石岩组分在碱性玄武岩中的贡献较大是辉石岩的熔点较低优先熔融的结果，而拉斑玄武岩中辉石岩组分较少是因为在早期碱性玄武岩形成过程中对辉石岩的消耗，以及大部分熔融程度导致的橄榄岩熔体对辉石岩组分的稀释。

第五节 老虎台组玄武岩成因对华北岩石圈演化的启示

软流圈地幔熔融可以用熔融柱模型来描述。刚性岩石圈像“盖子”一样阻止软流圈的进一步上涌，厚岩石圈下地幔的熔融深度要大于薄岩石圈下地幔的熔融深度，这就是所谓的岩石圈盖效应。按照这一概念，地幔熔融的终止深度代表了岩浆喷发时的岩石圈厚度。McKenzie和 M.J.Bickle 认为只有当岩石圈减薄到一定程度(厚度 60～80 km)时软流圈才开始熔融产生岩浆。因此，按照岩石圈盖模型，在某一地区出现来源于软流圈的岩浆就意味着当时岩石圈厚度为 60～80 km。需要注意的是，上述论点主要基于玄武岩岩浆源区为橄榄岩的假设。辉石岩的熔点低于橄榄岩，因此辉石岩源区开始熔融的深度比橄榄岩源区开始熔融的深度要大得多。所以当玄武岩源区是橄榄岩和辉石岩混合的话，地幔发生熔融时所需的岩石圈厚度要大于 McKenzie 和 M.J.Bickle 所认为的 。这一认识对理解华北岩石圈减薄过程及时限具有重要意义。

目前关于华北克拉通破坏时限的争论是，岩石圈减薄只局限于早白垩纪还是延续到新生代。由于华北中生代岩浆活动主要集中在早白垩纪，因此对早白垩纪为岩石圈减薄的重要阶段的看法没有争论。但是早白垩岩浆均来自富集岩石圈地幔，而没有发现来源于软流圈的岩浆，按照 McKenzie 的理论，说明当时岩石圈的厚度并没有减薄到现今岩石圈的状态；由于来源于软流圈的岩浆主要出现在白垩纪末期和新生代，这意味着华北岩石圈减薄过程一直延续到白垩纪末期和新生代。

老虎台组火山岩由碱性玄武岩和拉斑玄武岩组成，无论是主量元素含量特征、CIPW 标准矿物含量特征，还是微量元素组成特征，均暗示碱性玄武岩的起源深度较大。如果确定拉斑玄武岩和碱性玄武岩均来自软流圈地幔，那么由碱性玄武岩向拉斑玄武岩的转变就揭示了岩石圈存在减薄过程。由于老虎台组碱性玄武岩和拉斑玄武岩主要来源于软流圈地幔，按照岩石圈盖模型，它们的终止熔融深度代表了岩浆喷发时的岩石圈厚度。因此，碱性玄武岩喷发时(距今小于 70 Ma)的岩石圈厚度为 100 km，而拉斑玄武岩喷发时(距今小于 60 Ma)的岩石圈厚度为 70 km，最薄处厚度为 66 km。这说明华北岩石圈的减薄过程至少一直延续到新生代早期，而且 10 Ma 内岩石圈至少减薄了 30 km，暗示白垩纪末期至新生代早期依然是岩石圈减薄的重要阶段。

华北中新生代最早出现具有软流圈特征玄武岩的地方有辽宁省阜新地区(碱锅)和山东省青岛地区(大西庄、劈石口)，这两个地区来源于软流圈地幔的岩浆出现的时间分别为距今 100 Ma 和距今 82～73 Ma。值得注意的是，这些岩浆均为强碱性玄武岩，并携带幔源包体，且喷发量都很小，只是点状零星喷发，之后才在抚顺盆地、下辽河—渤海湾盆地、冀中盆地出现大量亚碱性的古近纪早期玄武岩。油田钻井资料显示，古近纪早期玄武岩的单层岩层厚度可达 1 200 m。这说明在早古近纪，华北东部火山岩由零星喷发的碱性玄武岩逐渐过渡到了大量喷发的亚碱性玄武岩。如果笔者获得的老虎台组拉斑玄武岩的形成深度也适用于华北东部的其他地区，那么就可以推断早古近纪时期华北岩石圈已减薄至最大程度。到了中新世和第四纪时期中国东部发育了以碱性玄武岩和强碱性玄武岩为主的玄武岩，表明这一时期岩浆起源深度逐渐变大，岩石圈逐渐变厚，可能与拉张衰退期上地幔热散失有关。由此我们推测，古近纪晚期应该是岩石圈从减薄至增生的转换期。

第六节 小 结

(1) 辽宁抚顺老虎台组火山岩由碱性玄武岩和拉斑玄武岩组成。老虎台组玄武岩喷发年龄为 70～60 Ma，即白垩纪末期—新生代早期。

(2) 老虎台组拉斑玄武岩的 $\varepsilon_{Nd}(t)$ 大于老虎台组碱性玄武岩，这与中国东部其他新生代玄武岩的情况相反。老虎台组碱性玄武岩具有比中国东部新生代玄武岩低的 Al_2O_3 含量和 CaO 含量。岩石成因分析表明，这些特征与岩浆源区含有辉石岩组分有关。

(3) 根据岩石圈盖效应和熔融柱理论估算的老虎台组碱性玄武岩和拉斑玄武岩喷发时的岩石圈厚度分别为 100 km 和 70 km，说明白垩纪末期至新生代早期依然是华北岩石圈减薄的重要时期，古近纪晚期应该是岩石圈从减薄至增生的转换期。

第三章　山东地区火山岩年代学格架与胶莱盆地构造演化研究

第一节　胶莱盆地构造地质背景及山东地区青山群基性火山岩采样位置

胶莱盆地位于胶东地区，东侧以郯庐断裂带为界，是一个白垩纪断陷拉分盆地，经历了多阶段构造演化历史。断陷盆地东南部是胶南隆起带，属于苏鲁造山带的北带，西北部为胶北隆起所限。通常认为胶莱盆地的控盆断裂是郯庐断裂和牟平—即墨断裂，这两条断裂的右旋拉分控制了胶莱盆地的形成和发展。

盆地充填序列和构造样式分析表明，胶莱盆地的形成经历了3个阶段：早白垩世莱阳期构造伸展阶段、早白垩世青山期至大盛期构造伸展阶段、晚白垩世王氏期构造伸展阶段，同时这3个构造伸展阶段为3次构造挤压反转事件所分隔，如图3-1、图3-2所示。

一、胶莱盆地构造发展史

(1) 早白垩世莱阳期南北向伸展断陷阶段。该阶段郯庐断裂和牟平—即墨断裂发生右旋走滑运动，胶莱盆地内莱阳群地层中发育正断层，有中基性火山岩在海阳地区发育，这些证据表明当时胶莱盆地处于拉张伸展的环境，构造伸展是多方向的，但主要伸展方向可能为SE向。

(2) 早白垩世莱阳期末期东西向微弱的构造挤压阶段。该阶段表现为莱阳群地层顶部与上覆地层之间发育假整合面。莱阳群地层和青山群地层中发育一组共轭剪节理，显示胶莱盆地当时的构造应力为轻微的东西向压应力。

(3) 早白垩世青山期至大盛期近东西向伸展裂陷阶段。此阶段沂沭断裂带发生进一步伸展倾滑运动，导致青山群火山岩强烈喷发，同时有大量的NNE向岩脉侵入，区域构造伸展拉张应力方向为近EW向。

(4) 早白垩世晚期NW-SE向挤压盆地反转阶段。大量证据表明，这一阶段郯庐断裂发生了左旋走滑运动，导致胶莱盆地及邻近地区发生强烈挤压变形，青山群地层与上覆王氏群地层之间发育区域性角度不整合面。构造挤压使NNE向的沂沭裂谷系及胶莱盆地内部沉积的莱阳群地层和青山群地层发生褶皱变形，沿主边界断裂带形成宽阔的断裂破碎带和断层泥带。该期强烈的挤压作用也使前期强烈喷发的青山群火山岩停止了喷发，导致了山东地区岩浆间歇期的发育。

(5) 晚白垩世—古新世南北向伸展断陷阶段。此阶段郯庐断裂和牟平—即墨断裂再次

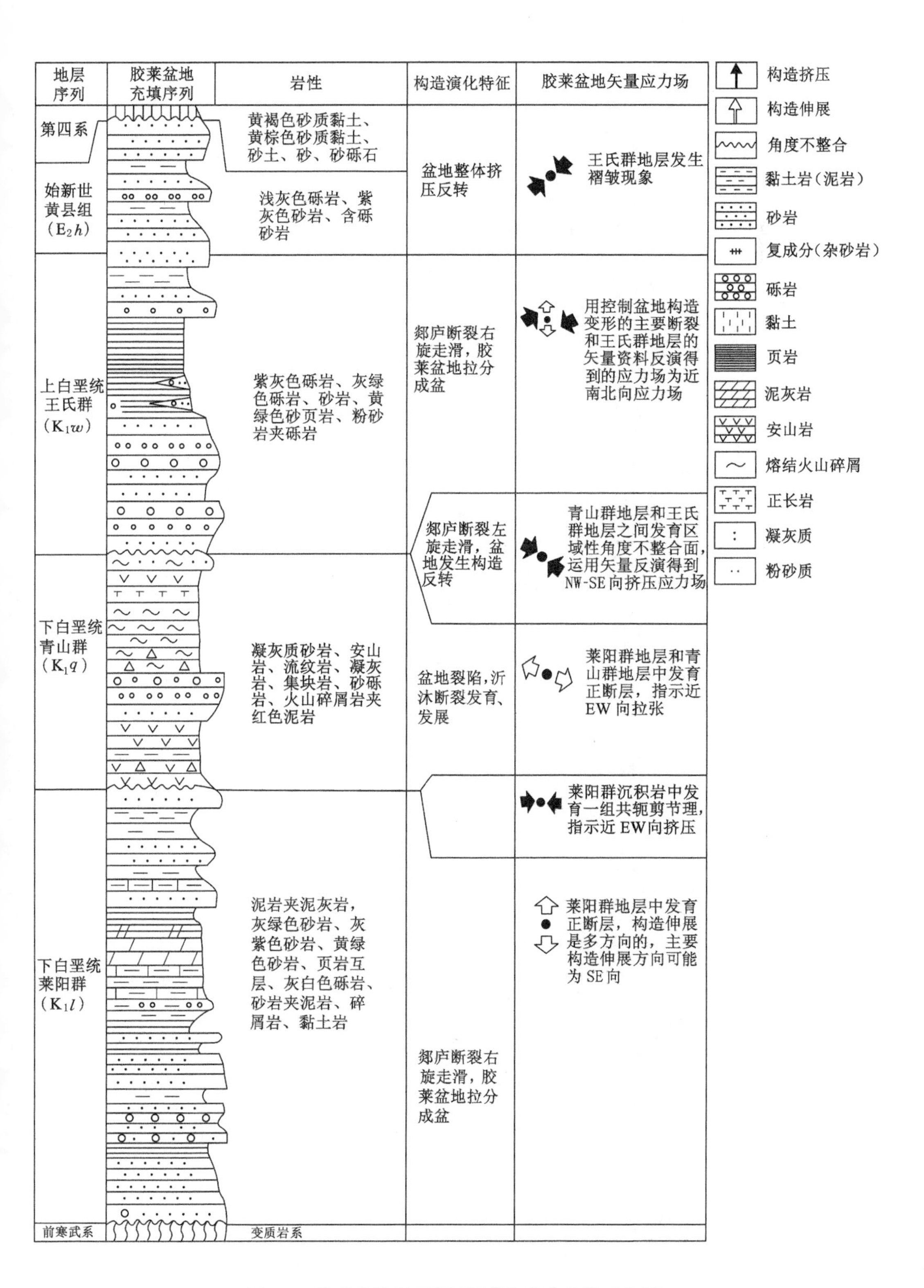

图 3-1　胶莱盆地沉积序列及构造演化阶段对比图

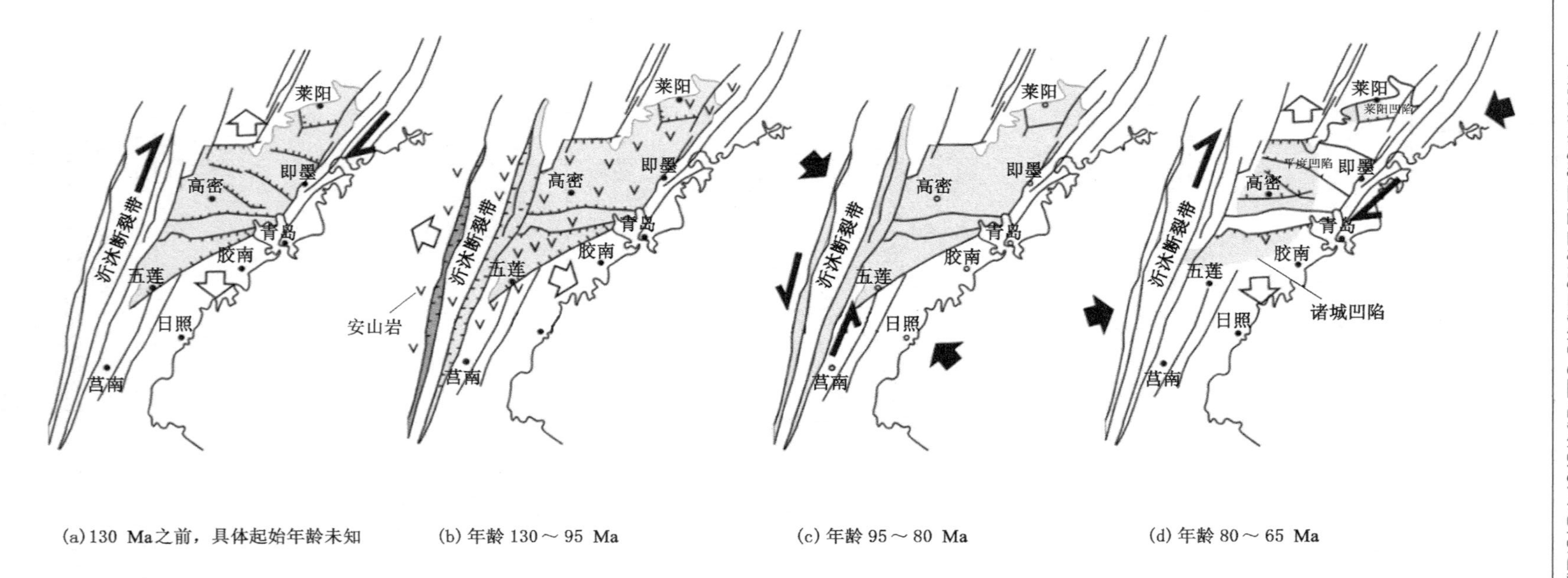

图 3-2　胶莱盆地构造演化阶段模式图

发生右旋走滑运动。山东地区的构造伸展作用主要集中在诸城凹陷、莱阳凹陷、平度凹陷、沭水裂谷盆地、莱阳凹陷西部等地区。盆地内构造应力以SN向引张伸展为主，在该时期胶东地区的花岗岩岩浆停止活动，在断陷盆地中局部有基性、超基性岩脉沿东西向裂隙发育。中国东部沿郯庐断裂带的古新世断陷盆地中发育大量的以拉斑玄武岩和弱碱性玄武岩为主的玄武岩，证明这个时期的断陷作用可能影响到了地幔。

(6) 古新世末期盆地整体构造反转阶段。白垩纪末期郯庐断裂和牟平—即墨断裂开始发生强度较小的左旋走滑运动，沿断层面形成了厚4～10 cm的假玄武玻璃。胶莱盆地构造应力为NE-SW向挤压应力，王氏群地层停止沉积，此时整个胶莱盆地发生褶皱变形，继而隆升并处于剥蚀状态。

二、胶莱盆地构造发展的动力学背景

中国东部当时处于泛太平洋构造域，胶东地区明显受到古太平洋板块向亚洲大陆俯冲的影响，其诱发的广泛弧后扩张，使整个中国东部大陆边缘处于类裂谷构造环境，断陷盆地广泛发育。沿郯庐断裂带两侧分布的这些断陷盆地往往呈菱形，明显受NNE向的郯庐断裂系控制，同时造成中国东部中生代晚期巨量的富集地幔发生熔融，胶莱盆地就是一个典型的例子。胶莱盆地发生大规模的中基性火山岩和中酸性火山岩喷发，同时沿碰撞造山带等相对软弱的地带发生地壳熔融，形成中国东部巨型的A型花岗岩带，且中国东部的岩石圈发生显著减薄。早白垩世末期，岩石圈减薄作用不明显，古太平洋板块向东亚大陆斜向俯冲汇聚产生的左旋走滑应力场占据主导地位，在中国东部形成了NW-SE向挤压应力场。虽然这个应力场持续时间较短(10 Ma)，但产生的影响是广泛的。这时期中国东部的NNE向郯庐断裂系普遍发生左旋走滑运动，也使年龄90～80 Ma的裂谷盆地发生大规模的构造反转运动，该时期的强烈挤压作用也使前期强烈喷发的青山群火山岩停止了喷发，导致了山东地区岩浆间歇期的发育。晚白垩世至古新世时期(距今约80～43 Ma)，古太平洋板块的运动方向和运动速度发生了变化，俯冲方向从NNW向转为NW向，东亚大陆的构造属性也随之发生变化，变为斜向俯冲边缘。大陆边缘构造应力场发生转换，弱引张和走滑应力场占据主导地位，这个应力场一直持续到古近纪。华北东部胶莱盆地的发展演化期是早白垩世至古近纪时期，也是华北板块岩石圈发生减薄的时期，所以胶莱盆地这种构造应力场的转换也记录了岩石圈的减薄过程。

三、山东地区青山群基性火山岩采样位置

山东地区出露大量青山群基性火山岩，胶东地区尤为发育。笔者分别对位于胶莱盆地的青岛橄榄玄武岩(代号为QD)、即墨玄武(安山)岩(代号为JM)、海阳(玄武)安山岩(代号为HY)、胶州玄武(安山)岩[代号为JZ(2)]、诸城玄武岩(代号为ZC)、胶州玄武岩(代号为JZ)和沂沭断裂区的李家庄玄武岩(代号为LJZ)进行了详细的地球化学特征、Ar-Ar测年法测年的研究。其中，青岛橄榄玄武岩分布于青岛保驾山；即墨玄武(安山)岩分布在即墨县城北姜家庄至大信村一带；海阳(玄武)安山岩分布在海阳县城北；胶州玄武(安山)岩分布在胶州市东；李家庄玄武岩分布于郯城李家庄；诸城玄武岩分布于胶莱盆地内部的诸城东北部；胶州玄武岩分布于胶州大西庄村西北，见表3-1。

表 3-1　华北东部山东地区青山群和王氏群基性火山岩采样情况

样品数量/个	采样地	岩性	年龄/Ma
5	山东省青岛	橄榄玄武岩	114
1	山东省胶州	玄武(安山)岩	119
5	山东省即墨	玄武(安山)岩	121
5	山东省海阳	(玄武)安山岩	112
4	山东省郯城李家庄	玄武岩	99

第二节　青山群火山岩 Ar-Ar 测年法测年特征

本节分别对位于胶东胶莱盆地的青岛橄榄玄武岩、即墨玄武(安山)岩、海阳(玄武)安山岩、胶州玄武(安山)岩、诸城玄武岩和沂沭断裂区的李家庄玄武岩进行了 Ar-Ar 测年法测年。Ar-Ar测年法的优点在于只需测定活化样品的 Ar 同位素含量比值即可计算出样品的年龄，避免了因 K 含量的不准确而带来的误差。通过多阶段全岩激光加热所获数据列于表 3-2 中。由表可知，即墨玄武(安山)岩、胶州玄武(安山)岩、青岛橄榄玄武岩、海阳(玄武)安山岩的全岩 Ar-Ar 测年法坪年龄(T_1)分别为(122.0±1.50) Ma、(119.3±0.51) Ma、(114.9±0.60) Ma、(113.0±1.33) Ma，等时线年龄(T_3)与反等时线年龄(T_4)在误差范围内均与坪年龄一致。相近层位的岩石也取得了基本一致的结果，因此分析结果基本反映了青山群基性火山岩的真实喷发年龄。本书获得的结果与之前学者得到的青山群岩浆活动时间基本一致。

表 3-2　山东青山群火山岩全岩 Ar-Ar 测年法分析数据

岩性	样号	年龄代号	年龄/Ma
碱性玄武岩	LJZ-5(全岩)	T_1	99.7 ± 0.42
		T_3	99.33 ± 0.59
		T_4	99.38 ± 0.59
	QD-3(全岩)	T_1	114.9 ± 0.60
		T_3	115.9 ± 1.01
		T_4	115.9 ± 1.01
钙碱性系列玄武岩	HY-2(全岩)	T_1	113.0 ± 1.33
		T_3	114.6 ± 5.47
		T_4	114.5 ± 5.39
	JZ(2)-6(全岩)	T_1	119.3 ± 0.51
		T_3	120.2 ± 1.19
		T_4	119.2 ± 0.77

表 3-2(续)

岩性	样号	年龄代号	年龄/Ma
钙碱性系列玄武岩	JM-7(全岩)	T_1	122.0 ± 1.50
		T_3	120.6 ± 3.35
		T_4	120.5 ± 3.32
	JM-15(全岩)	T_1	122.0 ± 1.79
		T_3	117.2 ± 2.61
		T_4	117.1 ± 2.62

结合胶州构造演化的特征及对早白垩世青山期年代学特征的研究可知，诸城玄武岩的年龄投点落入了早白垩世青山期的岩浆演化阶段，位于徐义刚定义的岩浆间歇期之前，说明诸城玄武岩应该属于青山群地层的一部分。

第三节　山东地区火山岩年代学格架与胶莱盆地构造演化的关系

一、山东地区火山岩年代学格架

早期的研究表明，东亚地区中生代钙碱性岩浆最早的活动时间由东亚地区东部向西部逐渐变晚，早白垩世岩浆作用自东亚地区东部向西部呈逐渐减弱的趋势。山东地区中生代岩浆活动的时空分布特点是鲁西地区的岩浆活动时间和结束时间早于胶东地区，且鲁西地区的火山岩碱性程度高于胶东地区，胶东地区白垩纪青山组岩浆年龄为 126.2～96.0 Ma。青岛、海阳、李家庄、即墨和胶州等地的青山群基性火山岩样品 Ar-Ar 测年法年龄谱如图 3-3 所示。

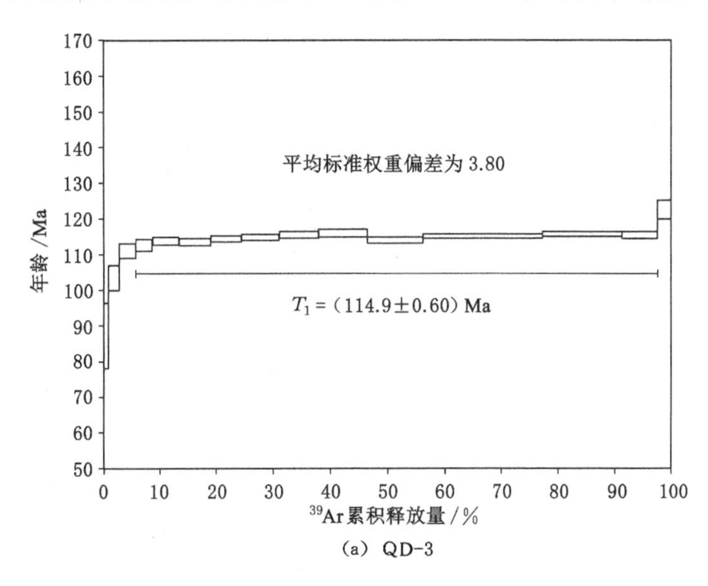

图 3-3　青山群基性火山岩全岩阶段激光加热 Ar-Ar 测年法年龄谱

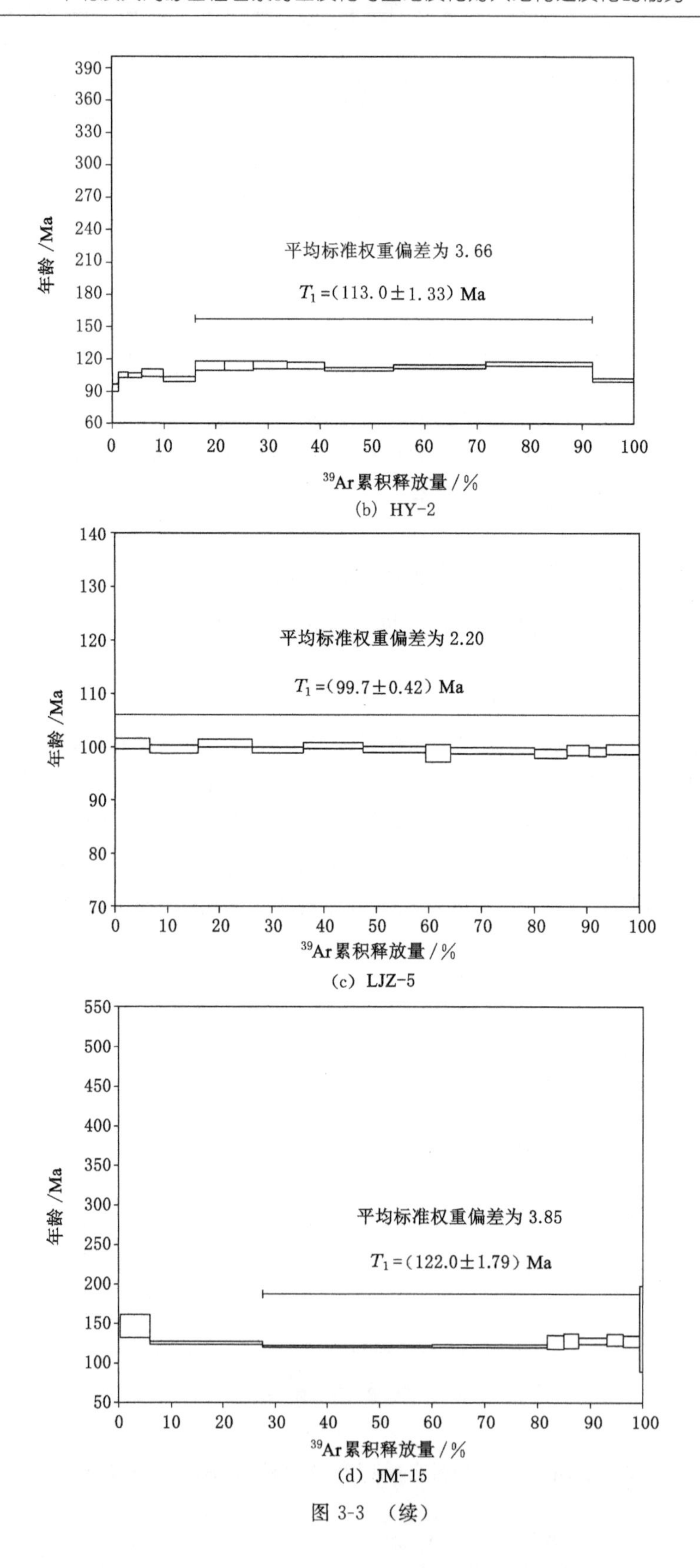

(b) HY-2

(c) LJZ-5

(d) JM-15

图 3-3 (续)

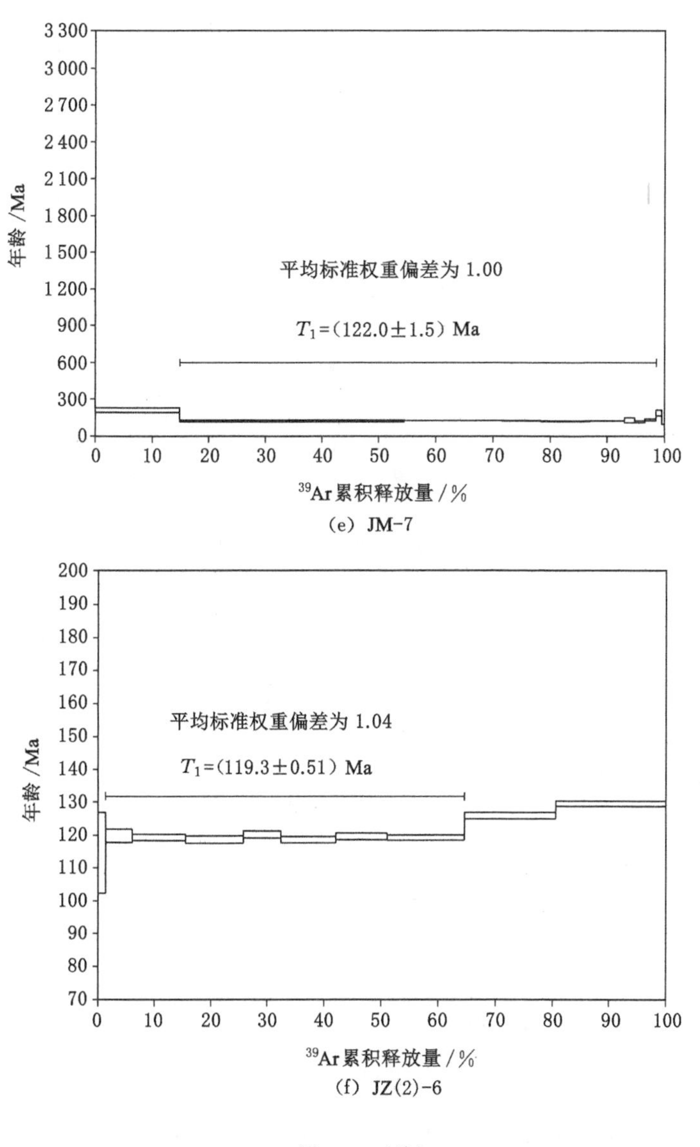

图 3-3 （续）

关于山东地区火山岩年代的研究表明，胶东地区的青山期—大盛期岩浆活动期较长，胶东地区的岩浆活动期是从距今 126.2 Ma 至 96.0 Ma，而鲁西地区岩浆活动期是从距今 129.5 Ma 至 114.8 Ma，鲁西地区岩浆活动的起始时间只略早于胶东地区，如图 3-4 所示。同时在笔者的研究样品中，胶东地区只有青岛橄榄玄武岩具有碱性玄武岩的特征，其他基性岩浆的样品都是钙碱性的。山东地区火山岩的同位素年龄特征证实了岩浆间歇期的存在，岩浆间歇期的起始年龄是 96.0 Ma。

二、山东地区火山岩年代学格架与盆地演化对比

将总结的山东地区火山岩年代学格架与胶莱盆地的沉积层序进行对比，发现两者具有很好的吻合度，特别是山东地区火山岩年代学格架中岩浆间歇期与沉积层序中青山组岩浆

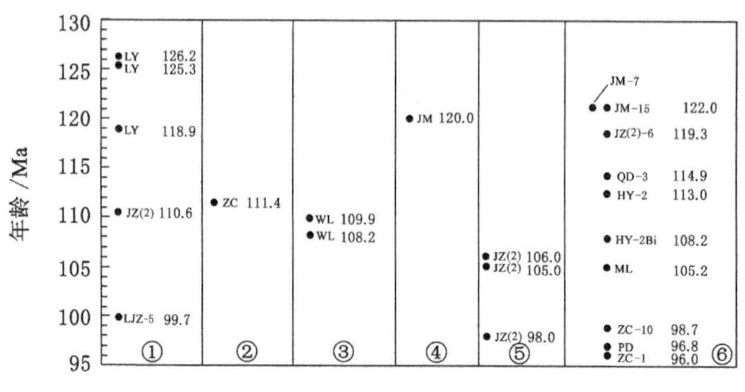

①—宠崇进，Ar-Ar测年法；②—邱检生，Rb-Sr测年法；
③—邱检生，Ar-Ar测年法；④—范蔚茗，K-Ar测年法；
⑤—凌文黎，U-Pb测年法；⑥—匡永生，Ar-Ar测年法；
LY—莱阳；JZ(2)—胶州；LJZ—李家庄；ZC—诸城；
WL—五莲；JM—即墨；QD—青岛；HY—海阳；
ML—孟良；PD—平度。

(a) 胶东地区火山岩喷发年龄

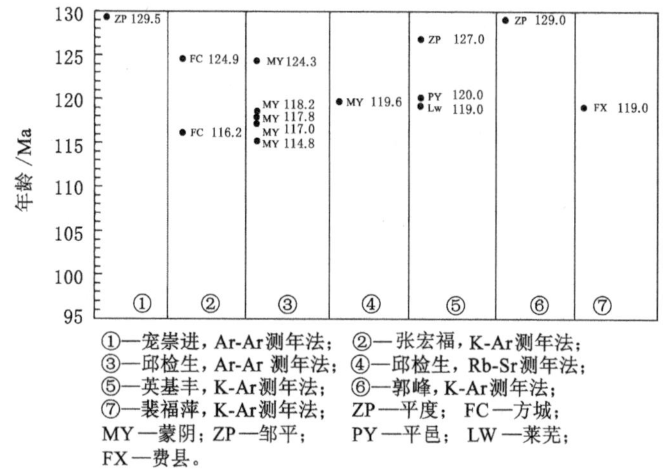

(b) 鲁西地区火山岩喷发年龄

图 3-4 胶东地区与鲁西地区火山岩喷发年龄对比

顶部出现角度不整合面的时期一致，如图 3-5 所示。这些青山组沉积地层顶部的角度不整合面都是胶莱盆地发展史中早白垩世晚期 NW-SE 向挤压盆地反转阶段的产物。

(1) 山东中生代岩浆岩空间分布的构造动力学控制

地震层析显示，俯冲的太平洋板块停留于地幔转换带的深度约为 410～660 km，且板块边缘与大兴安岭—太行山重力梯度带一致，这些现象暗示东部岩石圈减薄可能与太平洋板块俯冲密切相关。近年来的研究表明，太平洋板块的俯冲作用对我国华北地区的影响可能于早侏罗世就开始了。岩石圈的拉张作用也使俯冲带向东退却，114 Ma 后影响区由整个山东地区变为了胶东地区，同时由于岩石圈厚度的变化，火山岩表现出随其年龄由老至新钾含量逐步降低，80 Ma 后日本海古近系地层的平行张开和新近系地层的顺时针(旋转角度约为

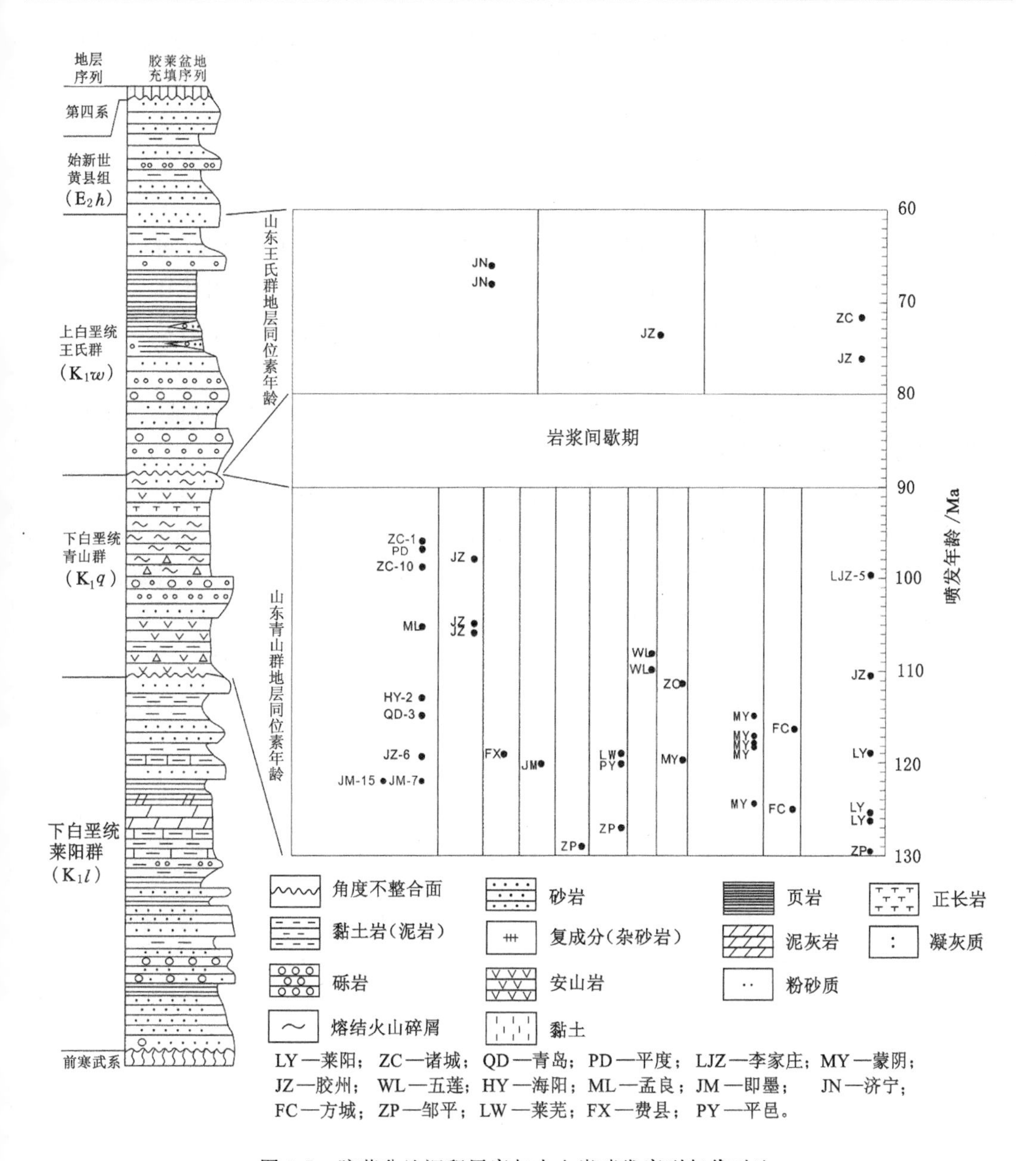

图 3-5　胶莱盆地沉积层序与火山岩喷发序列年代对比

50°)扇形打开或拉分模式张开，使得山东地区更远离俯冲带的位置，岩石圈的减薄也使来源于软流圈的火山岩成为主导。此外，岩石圈向东的拉张应力可能是太平洋板块俯冲角度变陡的重要原因。

(2) 胶莱盆地的构造演化及沉积演化构造动力学原因

前文已论述胶莱盆地的构造演化及沉积演化是受郯庐断裂和牟平—即墨断裂的直接控制，确切地说是受古太平洋板块向亚洲大陆俯冲的影响。

从山东地区火山岩年代学格架与盆地演化的耦合来看，胶莱盆地的构造演化影响了山东地区火山岩年代学格架特征，而火山岩喷发的年代学格架反映了岩石圈演化历史，是否可以认为华北岩石圈的演化主要受郯庐断裂和古太平洋板块向亚洲大陆俯冲的控制？

第四节 小 结

(1) 结合火山岩年代研究资料和本书所取得的 Ar-Ar 测年法测年结果，可以看出胶东地区青山群地层岩浆活动年龄是 126.2～96.0 Ma，鲁西地区岩浆活动年龄是 129.5～114.8 Ma。鲁西地区岩浆开始活动的时间早于胶东地区，而胶东地区岩浆活动时间结束得较晚。

(2) 诸城玄武岩的 Ar-Ar 测年法年龄为 96.0 Ma，诸城玄武岩是山东地区在进入岩浆间歇期之前最后的岩浆喷发产物。

(3) 从山东地区中生代火山岩年代学格架可以看出，火山岩活动与盆地演化存在一定的耦合关系，胶莱盆地的构造演化影响了山东地区火山岩年代学格架特征，而火山岩喷发的年代学格架反映了岩石圈演化历史，是否可以认为华北岩石圈的演化主要受郯庐断裂和古太平洋板块向亚洲大陆俯冲的控制？

第四章　胶莱盆地青山群基性火山岩的特征及成因分析

青山群基性火山岩是华北中生代火山岩喷发期的主要产物。有学者认为青山群火山岩的喷发期对应于华北岩石圈减薄的高峰期。青山群基性火山岩记录了喷发期岩石圈地幔的信息，因此，对青山群基性火山岩进行研究就能了解当时岩石圈地幔的变化。青山群基性火山岩在山东省分布最广，尤其是在胶东地区。为了使研究能够说明当时在关键时段内华北地区火山岩的整体特征，以便和盆地演化特征相对比，本书所研究的岩石样品采自从沂沭断裂区李家庄到胶东海阳相对广阔的地区，通过地球化学分析对其进行详细研究。

第一节　胶莱盆地青山群基性火山岩的岩石学特征

胶莱盆地青山群基性火山岩大多数样品呈灰色至灰黑色，为斑状到显微斑状结构，局部发育气孔构造，斑晶以长石、辉石为主。山东晚中生代青山群火山岩的岩相学特征如图 4-1 所示，具体如下所述。

(1) 海阳(玄武)安山岩：斑状结构，基质呈隐晶质结构，块状构造，斑晶主要为长石，个别样品见少量黑云母斑晶，斑晶被溶蚀。

(2) 即墨玄武(安山)岩：黑灰色，斑状结构，块状构造，斑晶为长石，其含量小于 2%；基质为间粒结构，由斜长石(占比 70%～80%)和辉石(占比 20%～30%)组成。

(3) 青岛橄榄玄武岩：灰色，致密块状，隐晶质结构，发育少量气孔及杏仁体(硅质充填)；斑晶主要为橄榄石，含量约 5%，多为半自形到自形，偶见呈骨架状橄榄石斑晶，沿裂隙或边部有时发生伊丁石化；单斜辉石斑晶粒径较橄榄石大些，自形或半自形，多呈浅粉红色，有时可见双晶或环带，聚晶结构亦有时可见，表面有氧化物分布；基质呈间粒-间隐结构，主要由细小的板条状斜长石(占比 30%～40%)、单斜辉石(占比 30%～40%)及少量橄榄石、钛铁氧化物组成。

(4) 胶州玄武(安山)岩：斑状结构，基质呈隐晶质结构，块状构造，斑晶为辉石。

(5) 李家庄玄武岩、安山岩：李家庄玄武岩呈斑状结构，基质呈隐晶质结构，块状构造，斑晶为少量辉石、橄榄石；李家山安山岩呈灰色-灰褐色，斑状结构，斑晶为长石，含少量辉石，基质呈隐晶质结构。

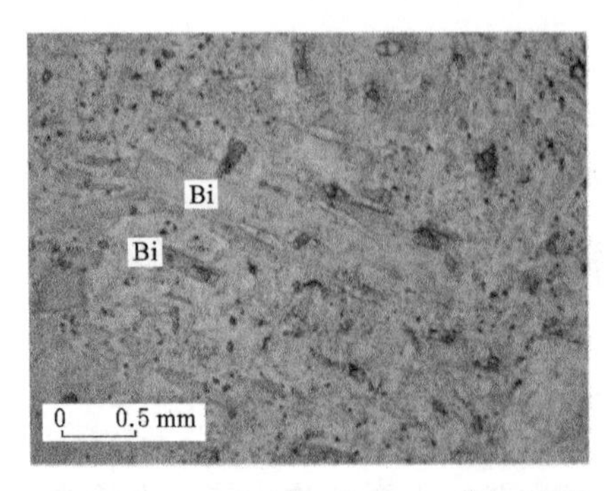

(a) 海阳（玄武）安山岩（HY-3），单偏光照片

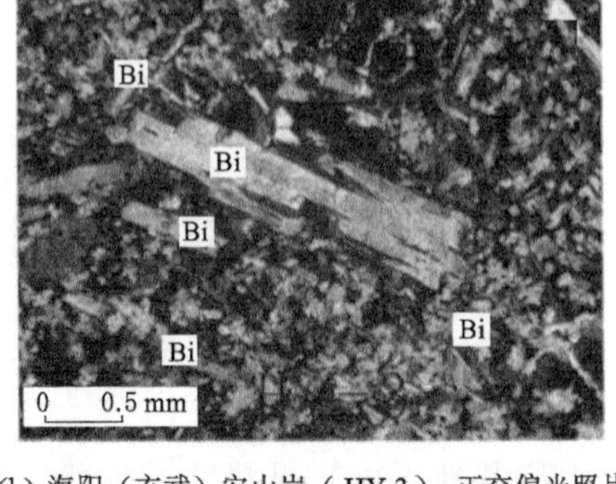

(b) 海阳（玄武）安山岩（HY-3），正交偏光照片

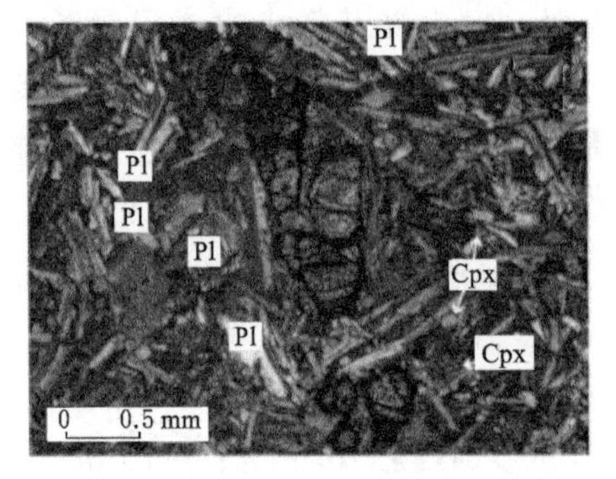

(c) 即墨玄武（安山）岩（JM-9），正交偏光照片

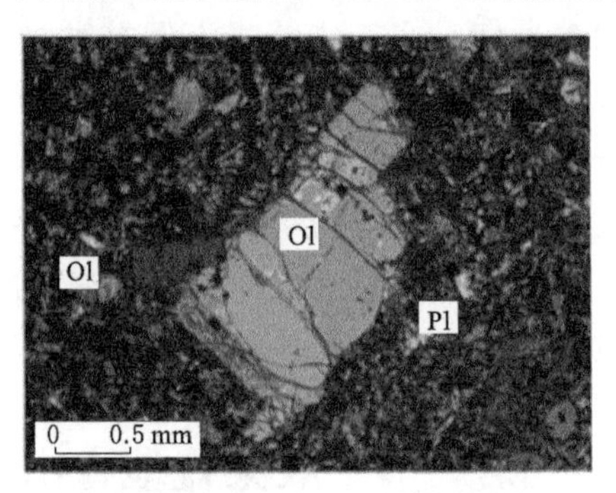

(d) 青岛橄榄玄武岩（QD-5），正交偏光照片

Ol—橄榄石；Cpx—单斜辉石；Pl—斜长石；Bi—黑云母。

图 4-1　山东晚中生代青山群火山岩的岩相学特征

第二节　胶莱盆地青山群基性火山岩的地球化学特征

一、主量元素特征

山东青山群火山岩主量元素化合物含量和 CIPW 标准矿物含量见表 4-1～表 4-3。由表可知，本研究区年龄为 130～96 Ma 的青山群基性火山岩的 SiO_2 含量主要集中在 47.62%～54.40%，MgO 含量为 3.57%～9.75%，变化较大。除 LJZ-7 外，胶州玄武（安山）岩的 MgO 含量最低，介于 3.72%到 3.76%之间，而青岛橄榄玄武岩的 MgO 含量(8.79%～9.75%)最高。海阳(玄武)安山岩和即墨玄武(安山)岩的 MgO 含量介于两者之间。李家庄的两个安山岩样品 SiO_2 含量最高，分别为 58.19%和 59.00%，MgO 含量最低，分别为 0.83%、2.44%。

李家庄的两个安山岩样品的 Na_2O 含量、Al_2O_3 含量、SiO_2 含量最高，MgO 含量、Fe_2O_3 含量最低。山东晚中生代青山群火山岩主量元素化合物含量与 MgO 含量之间的关系如图 4-2 所示。由图可知，李家庄玄武岩和安山岩样品的其他主量元素化合物含量与 MgO 含量的相关性较好，如 Na_2O 含量、K_2O 含量、SiO_2 含量、Al_2O_3 含量均与 MgO 含量呈负相关关系，Fe_2O_3 含量、CaO 含量均与 MgO 含量呈正相关关系。在基性岩浆中，青岛橄榄玄武岩和胶州玄武(安山)岩分布较为集中，即墨玄武(安山)岩和海阳(玄武)安山岩分布较为分散。青岛橄榄玄武岩的 MgO 含量最高，青岛橄榄玄武岩、李家庄玄武(安山)岩、胶州玄武(安山)岩的 TiO_2 含量高于即墨玄武(安山)岩、海阳(玄武)安山岩,但各地区基性岩浆的 MgO 含量与主量元素化合物含量之间并没有明显的相关性,这暗示各地区岩浆源区成分的不均一。

表 4-1　山东青山群火山岩主量元素化合物含量、CIPW 标准矿物含量及 Mg#值①

名称		青岛橄榄玄武岩							胶州玄武(安山)岩		
		QD-1	QD-2	QD-3	QD-5	QD-6	QD-7	QD-9	JZ(2)-5	JZ(2)-6	JZ(2)-7
主量元素化合物含量/%	SiO_2	48.54	48.53	48.61	48.16	48.47	47.48	46.20	54.25	54.40	54.26
	TiO_2	1.41	1.43	1.40	1.44	1.44	1.44	1.40	1.39	1.40	1.40
	Al_2O_3	13.67	13.79	13.73	13.93	13.93	13.68	13.36	17.02	17.21	17.06
	$Fe_2O_3^T$	9.16	9.24	9.15	9.10	9.06	9.06	8.82	7.78	7.55	7.78
	MnO	0.13	0.13	0.13	0.13	0.12	0.13	0.13	0.12	0.12	0.09
	MgO	9.75	9.67	9.75	8.87	8.94	8.92	8.79	3.90	3.72	3.96
	CaO	7.53	7.68	7.70	7.91	8.22	7.79	7.39	6.43	6.47	6.41
	Na_2O	3.17	3.42	2.96	3.25	2.81	4.28	3.22	3.83	4.28	3.84
	K_2O	3.21	2.87	3.48	3.36	3.46	3.31	3.12	2.97	2.99	2.97
	P_2O_5	1.13	1.11	1.15	1.04	0.99	1.00	0.97	0.67	0.64	0.67
CIPW 标准矿物含量/%	Q	0.00	0.00	0.00	0.00	0.00	0.00	0.00	3.21	1.29	3.10
	An	13.96	14.14	14.21	13.95	15.62	8.61	13.75	20.88	19.17	20.91
	Ab	23.88	25.06	21.96	21.34	21.06	17.35	21.63	32.97	36.76	33.03
	Or	19.46	17.37	21.04	20.46	21.02	20.22	19.82	17.86	17.89	17.87
	Ne	1.99	2.48	1.97	3.79	1.86	10.85	4.11	0.00	0.00	0.00
	Di	13.30	13.83	13.61	15.49	15.61	19.4	14.97	5.72	7.29	5.58
	Hy	0.00	0.00	0.00	0.00	0.00	0.00	0.00	10.06	8.42	10.20
	Ol	16.50	16.20	16.29	14.14	14.26	12.59	15.10	0.00	0.00	0.00
	Il	2.76	2.78	2.72	2.83	2.81	2.82	2.85	2.69	2.69	2.70
	Mt	5.48	5.49	5.47	5.51	5.40	5.75	5.37	5.03	4.98	5.03
	Ap	2.79	2.75	2.84	2.57	2.46	2.50	2.50	1.64	1.55	1.64
Mg#值		71.27	70.92	71.29	69.45	69.68	69.66	69.90	53.91	53.45	54.26

表 4-2　山东青山群火山岩主量元素化合物含量、CIPW 标准矿物含量及 Mg#值②

名称		即墨玄武(安山岩)									海阳(玄武)安山岩
		JM-15	JM-16	JM-17	JM-18	JM-7	JM-8	JM-9	JM-10	JM-11	HY-2
主量元素化合物含量/%	SiO_2	52.50	47.01	47.04	52.59	47.62	51.46	50.21	51.42	49.07	51.19
	TiO_2	1.11	1.15	1.15	1.05	1.17	1.19	1.09	1.12	1.18	0.96
	Al_2O_3	16.34	16.79	16.68	15.59	16.26	16.56	14.99	16.52	16.23	14.88
	$Fe_2O_3^T$	6.89	7.23	7.69	8.40	7.01	6.95	8.16	7.39	11.06	9.54
	MnO	0.06	0.10	0.10	0.07	0.08	0.08	0.09	0.07	0.05	0.07
	MgO	6.67	7.59	8.18	8.10	4.60	6.55	8.03	5.56	8.89	8.36
	CaO	8.14	8.95	8.13	5.99	11.29	7.93	8.76	9.15	1.88	5.18
	Na_2O	2.96	2.59	2.46	2.53	2.68	2.55	2.82	2.93	3.50	2.59
	K_2O	1.40	0.99	0.98	1.00	1.03	1.94	1.37	1.39	0.65	2.72
	P_2O_5	0.20	0.19	0.18	0.13	0.24	0.22	0.28	0.24	0.14	0.30

表 4-2(续)

名称		即墨玄武(安山岩)									海阳(玄武)安山岩
		JM-15	JM-16	JM-17	JM-18	JM-7	JM-8	JM-9	JM-10	JM-11	HY-2
CIPW 标准矿物含量/%	Q	4.20	0.00	0.00	7.63	1.36	3.77	0.13	3.57	6.60	1.05
	An	28.31	33.89	34.21	29.70	32.00	29.47	25.37	29.13	9.15	21.90
	Ab	26.10	23.72	22.60	22.51	24.70	22.66	24.97	25.99	32.11	22.98
	Or	8.61	6.37	6.30	6.22	6.63	12.05	8.51	8.63	4.16	16.82
	Ne	0.00	0.00	0.00	0.00	0.00	0.00	0.00	0.00	0.00	0.00
	Di	9.87	10.24	6.58	0.50	22.00	8.23	14.55	13.43	0.00	2.34
	Hy	16.39	15.65	21.34	26.51	6.56	17.02	19.22	12.36	31.85	26.62
	Ol	0.00	3.54	2.20	0.00	0.00	0.00	0.00	0.00	0.00	0.00
	Il	2.20	2.36	2.37	2.10	2.42	2.37	2.16	2.23	2.43	1.90
	Mt	3.85	3.75	3.95	4.51	3.71	3.90	4.42	4.09	6.11	5.66
	Ap	0.49	0.51	0.47	0.33	0.64	0.56	0.70	0.60	0.36	0.76
Mg#值		69.28	70.98	71.26	69.21	60.48	68.72	69.65	63.67	65.19	67.15

表 4-3 山东青山群火山岩主量元素化合物含量、CIPW 标准矿物含量及 Mg#值③

名称		海阳(玄武)安山岩						李家庄玄武岩			
		HY-3	HY-4	HY-5	HY-6	HY-9	HY-10	LJZ-2	LJZ-5	LJZ-7	LJZ-15
主量元素化合物含量/%	SiO_2	51.67	53.93	51.56	50.75	51.96	53.32	59.00	49.20	51.76	58.19
	TiO_2	1.03	0.99	0.98	1.00	1.00	1.17	1.01	1.44	1.44	0.90
	Al_2O_3	13.77	13.87	13.57	13.98	13.56	16.15	18.48	16.71	18.18	16.94
	$Fe_2O_3{}^T$	7.81	7.66	7.60	8.21	7.82	7.27	5.74	9.68	7.87	6.54
	MnO	0.09	0.08	0.07	0.08	0.09	0.08	0.04	0.17	0.08	0.05
	MgO	6.87	6.65	6.14	7.01	5.99	4.14	0.83	5.56	3.57	2.44
	CaO	6.51	5.59	5.76	5.51	6.18	4.02	2.66	8.68	5.34	3.95
	Na_2O	2.97	2.48	3.31	3.56	3.22	3.99	5.31	2.90	4.06	5.42
	K_2O	4.03	3.85	3.13	2.30	2.75	4.62	3.21	2.55	3.79	2.99
	P_2O_5	0.63	0.61	0.65	0.65	0.59	0.52	0.76	0.55	0.70	0.71
CIPW 标准矿物含量/%	Q	0.00	5.02	1.55	0.52	3.27	0.00	10.83	0.00	0.00	4.74
	An	12.95	16.05	13.94	16.57	15.50	13.15	8.45	25.77	20.89	13.29
	Ab	26.38	21.99	30.26	32.42	29.32	35.53	46.32	25.29	35.56	46.80
	Or	25.04	23.79	19.99	14.66	17.49	28.67	19.58	15.53	23.18	18.02
	Ne	0.00	0.00	0.00	0.00	0.00	0.00	0.00	0.00	0.00	0.00
	Di	13.21	6.98	9.79	6.60	10.62	3.40	0.00	11.94	1.42	1.59
	Hy	9.45	17.76	15.84	20.41	15.29	7.78	3.36	6.31	4.07	7.36
	Ol	4.26	0.00	0.00	0.00	0.00	2.63	0.00	5.49	5.04	0.00
	Il	2.05	1.97	2.02	2.05	2.05	2.34	1.98	2.81	2.83	1.75
	Mt	5.13	4.95	4.98	5.15	4.99	5.26	4.30	5.55	5.33	4.78
	Ap	1.59	1.54	1.70	1.69	1.53	1.31	1.90	1.37	1.74	1.74
Mg#值		67.22	66.93	65.31	66.55	64.10	57.02	25.22	57.23	51.39	46.52

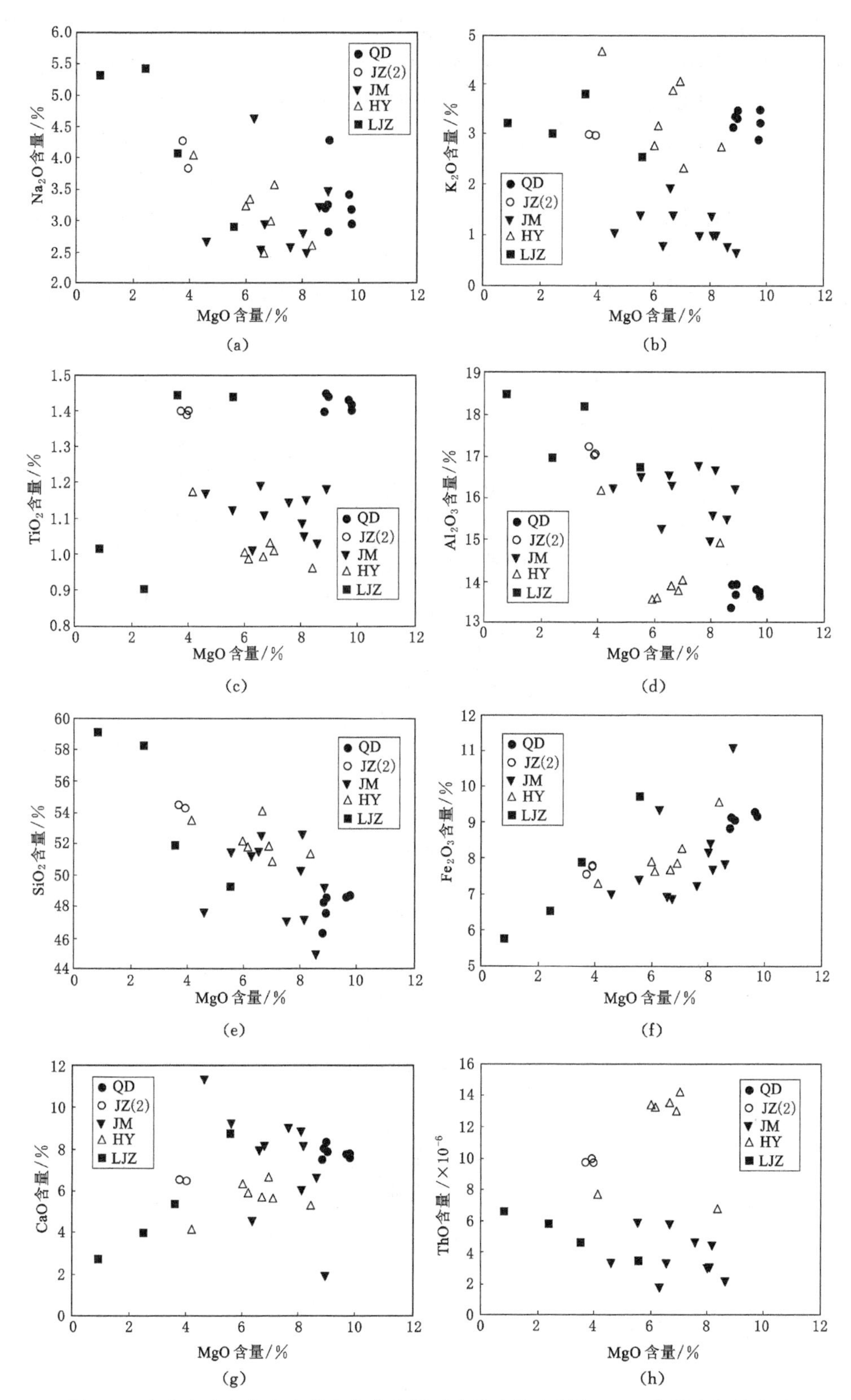

图 4-2 山东晚中生代青山群火山岩主量元素化合物含量与 MgO 含量之间的关系

由表 4-1 和表 4-3 可知，青岛橄榄玄武岩和李家庄玄武岩均不出现 Q 而出现 Ol，但前者出现 Ne，显示其为碱性系列玄武岩。山东晚中生代青山群火山岩判别图如图 4-3 所示。由图 4-2 和图 4-3 可知，青岛橄榄玄武岩投点落入碱性玄武岩区和粗面玄武岩区，因此可确定其为碱性玄武岩。即墨玄武（安山）岩、海阳（玄武）安山岩和胶州玄武（安山）岩都有 Q、Hy 出现，在 $Zr/TiO_2\times0.000\ 1$ 与 Nb/Y 之间的关系图（图 4-4）、ALK（Na_2O 和 K_2O）含量与 SiO_2 含量关系图中，它们的投点均落入了亚碱性玄武岩区域，在 ALK 含量、MgO 含量和 FeO^T 含量关系图中它们的投点都落入了钙碱性系列岩石区。由此可以确定即墨玄武（安山）岩、海阳（玄武）安山岩、胶州玄武（安山）岩均为钙碱性系列的岩石，李家庄安山岩为粗面安山岩。

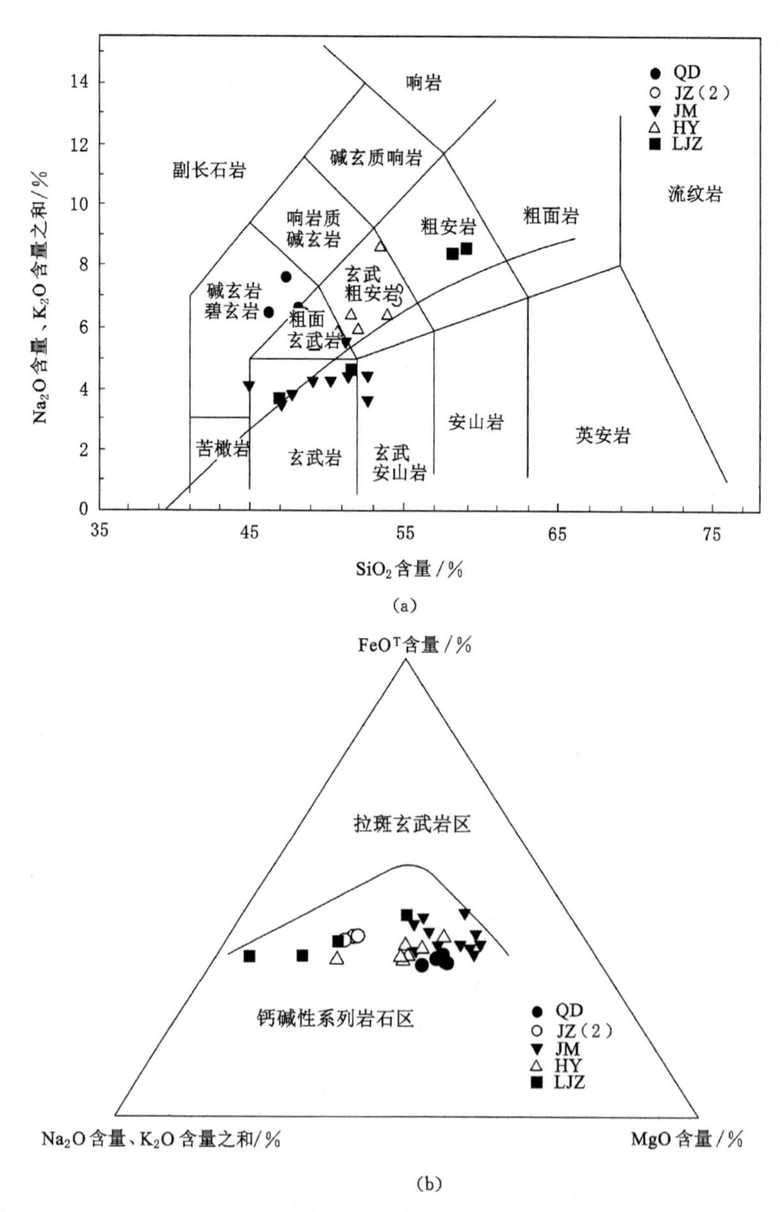

图 4-3 山东晚中生代青山群火山岩判别图

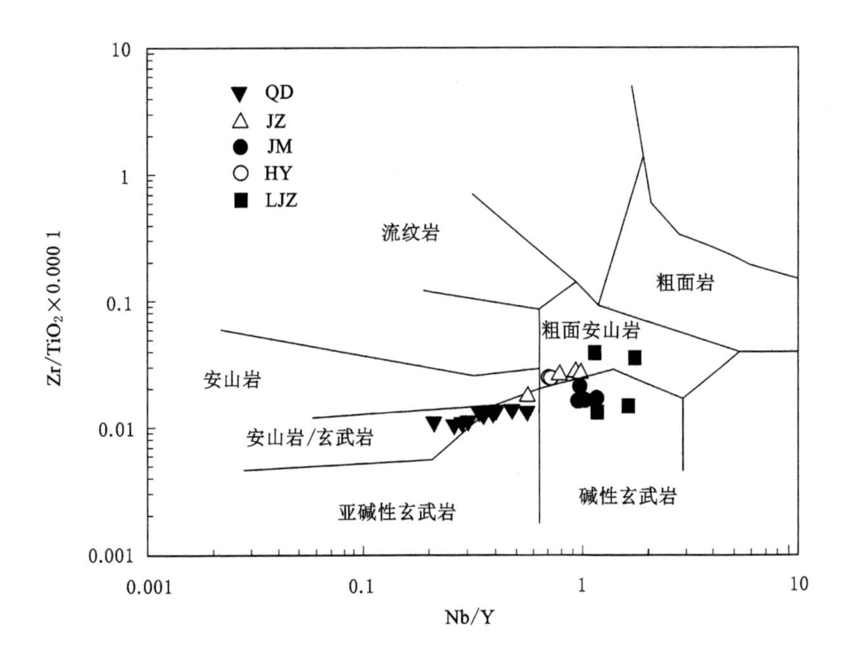

图 4-4 山东晚中生代青山群火山岩 $Zr/TiO_2 \times 0.0001$ 与 Nb/Y 之间的变化关系

二、微量元素特征

山东青山群火山岩微量元素含量及特征参数见表 4-4～表 4-6。由表可知，铕(Eu)含量异常，但不明显，所有样品的稀土元素含量都较高。在基性岩浆中，李家庄玄武岩和胶州玄武(安山)岩具有较低的相容元素含量，如 Ni 含量为 $16\times10^{-6}\sim54\times10^{-6}$，Co 含量为$23.4\times10^{-6}\sim33.4\times10^{-6}$，Cr 含量为 $21.2\times10^{-6}\sim101.0\times10^{-6}$，Sc 含量为 $15.5\times10^{-6}\sim23.4\times10^{-6}$；胶州玄武(安山)岩具有较高含量的高场强元素 Zr(含量为 $333.9\times10^{-6}\sim344.8\times10^{-6}$)；青岛橄榄玄武岩具有最高的 Sr 含量，为 $844\times10^{-6}\sim1\ 145\times10^{-6}$。与基性岩浆相比，李家庄安山岩具有较低的相容元素含量和较高的 Zr 含量($346.8\times10^{-6}\sim355.7\times10^{-6}$)。其中，相容元素 Ni 含量、Co 含量、Cr 含量、Sc 含量分别为 $12\times10^{-6}\sim21\times10^{-6}$、$10.2\times10^{-6}\sim15.8\times10^{-6}$、$34.6\times10^{-6}\sim34.8\times10^{-6}$、$8.6\times10^{-6}\sim9.2\times10^{-6}$。

表 4-4 山东青山群火山岩微量元素含量及特征参数①

名称		青岛橄榄玄武岩							胶州玄武(安山)岩		
		QD-1	QD-2	QD-3	QD-5	QD-6	QD-7	QD-9	JZ(2)-5	JZ(2)-6	JZ(2)-7
微量元素含量/$\times10^{-6}$	Sc	36.5	25.7	26.0	25.5	24.2	26.6	24.9	15.5	16.2	16.8
	Ti	11 804	8 741	8 537	8 819	8 579	9 478	8 661	8 075	8 565	8 635
	V	241	176	174	166	161	180	171	157	169	162
	Cr	894.2	666.3	621.8	496.6	487.2	564.6	499.7	81.9	72.5	90.6
	Mn	1 462	1 099	1 091	1 098	1 050	1 141	1 041	996	1 061	780
	Co	60.4	52.0	45.5	43.1	40.9	48.3	46.2	31.9	28.1	27.3
	Ni	302	221	225	193	179	196	184	54	48	54

表 4-4(续)

名称		青岛橄榄玄武岩							胶州玄武(安山)岩		
		QD-1	QD-2	QD-3	QD-5	QD-6	QD-7	QD-9	JZ(2)-5	JZ(2)-6	JZ(2)-7
微量元素含量/×10⁻⁶	Cu	68.4	49.0	51.2	48.7	46.4	48.3	45.9	87.2	43.8	89.4
	Zn	113	83	82	83	79	87	81	80	81	786
	Ga	20.2	14.5	14.4	15.6	15.3	16.0	14.4	20.1	20.4	19.7
	Ge	1.48	1.01	1.09	0.99	1.08	1.06	1.04	0.94	0.92	0.81
	Rb	55.1	33.7	54.9	53.2	72.1	54.1	47.3	73.8	72.9	73.6
	Sr	1 102	948	844	1 230	1 029	1 079	1 145	861	850	874
	Y	22.3	16.3	16.8	18.1	17.5	18.1	16.8	24.3	23.7	25.0
	Zr	299.8	229.2	226.2	238.4	236.0	240.1	227.5	341.9	333.9	344.8
	Nb	21.65	16.42	16.06	20.47	20.02	20.23	19.28	17.17	16.57	17.34
	Ba	5 975	4 700	4 364	3 979	4 418	4 057	3 996	1 831	1 827	1 854
	La	49.90	36.62	37.74	42.82	39.88	41.74	40.43	71.61	69.47	73.14
	Ce	110.90	81.62	84.26	91.44	85.27	88.62	84.96	137.50	133.40	139.20
	Pr	14.27	10.42	10.85	11.63	10.81	11.11	10.52	15.89	15.27	16.14
	Nd	56.2	41.7	43.6	45.7	42.0	44.3	41.1	58.0	55.8	58.8
	Sm	9.71	7.18	7.59	7.85	7.20	7.72	7.10	9.75	9.37	9.84
	Eu	2.68	2.03	2.10	2.26	1.96	2.20	1.90	2.31	2.36	2.39
	Gd	6.99	5.24	5.43	6.11	5.26	5.89	5.34	7.53	7.25	7.62
	Tb	0.90	0.65	0.71	0.78	0.67	0.76	0.71	0.97	0.95	0.99
	Dy	4.78	3.63	3.74	4.07	3.71	4.02	3.78	5.35	5.10	5.25
	Ho	0.96	0.71	0.73	0.80	0.74	0.78	0.74	1.03	1.00	1.01
	Er	2.54	1.92	1.88	2.16	1.98	2.11	1.92	2.80	2.72	2.80
	Tm	0.35	0.26	0.27	0.29	0.27	0.28	0.27	0.39	0.38	0.38
	Yb	2.26	1.69	1.70	1.87	1.77	1.83	1.69	2.42	2.46	2.47
	Lu	0.34	0.25	0.25	0.28	0.26	0.28	0.25	0.39	0.37	0.37
	Hf	8.43	6.57	6.40	6.46	6.15	6.22	6.04	8.12	7.86	7.76
	Ta	1.24	0.95	0.91	1.25	1.23	1.23	1.13	1.03	0.97	0.96
	Pb	6.75	4.12	4.21	5.28	4.43	4.89	4.38	17.74	15.30	15.40
	Th	3.21	2.40	2.44	3.21	2.99	3.19	2.98	9.86	9.64	9.66
	U	0.75	0.56	0.55	0.73	0.69	0.74	0.68	1.83	1.79	1.91
特征参数	Nb/La	0.43	0.45	0.43	0.48	0.50	0.48	0.48	0.24	0.24	0.24
	La/Yb	22.1	21.7	22.2	22.9	22.6	22.9	24.0	29.6	28.3	29.7
	Th/U	4.27	4.32	4.40	4.39	4.36	4.32	4.36	5.39	5.38	5.06
	Nb/Ta	17.5	17.3	17.6	16.4	16.3	16.5	17.1	16.6	17.1	18.1
	Zr/Hf	35.6	34.9	35.4	36.9	38.4	38.6	37.7	42.1	42.5	44.5

表 4-5　山东青山群火山岩微量元素含量及特征参数②

名称		即墨玄武(安山)岩										
		JM-7	JM-8	JM-9	JM-10	JM-11	JM-13	JM-14	JM-15	JM-16	JM-17	JM-18
微量元素含量/$\times10^{-6}$	Sc	20.9	21.3	23.6	23.6	25.6	27.5	22.3	24.9	25.1	21.7	22.2
	Ti	7 260	7 137	6 831	6 418	6 823	6 257	5 234	6 623	7 223	6 699	5 361
	V	148	147	144	161	179	156	142	166	152	159	146
	Cr	458.2	443.5	446.4	394.4	560.4	479.8	463.8	400.8	515.7	480.5	487.9
	Mn	681	662	752	578	339	841	346	503	934	776	575
	Co	42.4	41.5	40.2	44.4	51.3	42.8	44.4	42.4	44.3	43.9	40.2
	Ni	239	229	207	124	160	154	142	120	158	142	149
	Cu	26.9	41.2	42.0	21.9	26.0	25.0	29.7	23.7	26.4	17.3	26.6
	Zn	66	69	74	80	71	65	57	71	87	68	60
	Ga	17.2	16.1	15.1	16.7	15.2	14.6	14.6	16.3	17.8	16.2	14.9
	Ge	0.89	0.80	1.11	0.97	0.95	0.81	0.96	1.12	0.87	0.86	0.96
	Rb	15.4	38.4	22.7	20.2	10.2	12.7	11.3	20.9	15.9	15.8	14.4
	Sr	683	572	585	777	196	447	367	756	665	610	455
	Y	15.9	13.7	17.2	13.6	14.7	17.3	13.4	13.3	15.3	14.0	12.3
	Zr	159.4	158.8	138.8	148.9	127.7	112.9	105.4	150.5	150.3	141.7	117.1
	Nb	7.55	7.60	6.71	5.30	4.13	3.63	3.47	5.33	5.11	4.91	3.68
	Ba	738	1 112	957	1 847	412	439	401	1 885	1 018	951	965
	La	25.56	23.94	27.62	30.29	17.75	15.87	11.81	27.09	26.17	23.51	18.17
	Ce	50.58	46.00	55.58	57.67	36.40	33.29	24.60	52.14	50.87	45.54	36.31
	Pr	6.10	5.44	6.62	6.71	4.32	4.17	3.09	6.11	6.10	5.35	4.33
	Nd	23.2	20.5	25.7	25.2	17.0	17.2	12.5	22.8	23.5	20.3	16.8
	Sm	4.37	3.83	4.81	4.52	3.27	3.81	2.70	4.04	4.35	3.88	3.29
	Eu	1.46	1.30	1.46	1.49	0.98	1.17	1.02	1.44	1.49	1.41	1.04
	Gd	3.85	3.26	4.28	3.57	2.93	3.53	2.60	3.26	3.86	3.38	2.89
	Tb	0.56	0.49	0.62	0.49	0.48	0.58	0.43	0.46	0.56	0.50	0.43
	Dy	3.39	2.92	3.63	2.88	3.04	3.46	2.72	2.70	3.25	2.93	2.68
	Ho	0.71	0.63	0.76	0.60	0.65	0.73	0.61	0.58	0.67	0.59	0.57
	Er	1.94	1.71	2.06	1.68	1.85	1.98	1.67	1.60	1.88	1.64	1.58
	Tm	0.26	0.26	0.30	0.24	0.27	0.29	0.25	0.24	0.26	0.24	0.24
	Yb	1.70	1.62	1.85	1.60	1.73	1.85	1.57	1.56	1.70	1.48	1.46
	Lu	0.26	0.24	0.28	0.25	0.26	0.28	0.25	0.23	0.26	0.22	0.22
	Hf	3.86	3.91	3.46	3.87	3.32	2.88	2.79	3.85	3.92	3.56	3.10
	Ta	0.45	0.47	0.40	0.30	0.26	0.22	0.23	0.30	0.31	0.29	0.23
	Pb	6.57	7.10	7.56	9.32	3.56	3.41	2.30	7.89	5.19	4.95	5.01
	Th	3.29	3.32	2.96	5.88	3.22	2.07	1.76	5.73	4.62	4.44	3.03
	U	0.73	0.72	0.63	0.99	0.56	0.43	0.38	0.99	0.89	0.85	0.64

表 4-5(续)

名称		即墨玄武(安山)岩										
		JM-7	JM-8	JM-9	JM-10	JM-11	JM-13	JM-14	JM-15	JM-16	JM-17	JM-18
特征参数	Nb/La	0.30	0.32	0.24	0.18	0.23	0.23	0.29	0.20	0.20	0.21	0.20
	La/Yb	15.0	14.8	14.9	18.9	10.2	8.6	7.5	17.4	15.4	15.9	12.5
	Th/U	4.50	4.58	4.69	5.92	5.74	4.86	4.62	5.80	5.19	5.24	4.72
	Nb/Ta	17.0	16.1	16.8	17.8	16.1	16.5	15.4	17.5	16.5	17.2	15.7
	Zr/Hf	41.3	40.7	40.1	38.5	38.5	39.2	37.8	39.1	38.4	39.8	37.8

表 4-6　山东青山群火山岩微量元素含量及特征参数③

名称		海阳(玄武)安山岩							李家庄玄武(安山)岩			
		HY-2	HY-3	HY-4	HY-5	HY-6	HY-9	HY-10	LJZ-2	LJZ-5	LJZ-7	LJZ-15
微量元素含量/$\times 10^{-6}$	Sc	21.5	15.0	14.7	13.8	15.3	15.8	13.4	8.6	23.4	16.4	9.2
	Ti	4 981	6 199	5 886	5 397	5 853	6 217	5 733	5 592	8 270	8 863	4 381
	V	153	121	116	114	117	121	131	81	201	129	76
	Cr	567.9	692.3	544.8	581.0	519.4	739.3	36.6	34.8	101.0	21.2	34.6
	Mn	601	797	664	642	657	823	736	305	1 340	689	341
	Co	42.2	37.2	35.1	36.1	34.7	38.4	26.4	10.2	33.4	23.4	15.8
	Ni	223	207	168	186	166	228	31	12	43	16	21
	Cu	46.9	29.3	26.2	23.1	23.9	25.2	37.0	7.5	42.8	24.3	15.6
	Zn	72	89	86	81	113	91	73	1	94	80	84
	Ga	15.0	16.3	15.2	15.6	16.6	15.6	18.5	21.8	21.2	19.7	20.3
	Ge	0.80	0.90	0.97	0.96	0.97	0.96	0.92	1.14	1.58	1.46	1.42
	Rb	68.1	122.3	68.2	74.7	48.3	59.3	89.2	55.0	49.8	75.0	45.1
	Sr	300	916	327	285	328	272	1 003	188	1 023	910	948
	Y	13.1	15.0	16.0	14.9	16.8	15.4	19.8	19.4	20.7	20.2	20.8
	Zr	164.6	265.2	269.2	261.4	276.8	268.6	298.3	355.7	186.9	211.8	346.8
	Nb	7.30	14.53	14.69	14.68	15.53	14.96	15.47	33.38	24.06	32.58	23.57
	Ba	966	1 909	1 195	1 183	1 119	672	2 912	539	1 670	1 756	1 315
	La	44.57	47.24	51.15	49.51	53.10	43.77	61.29	90.43	38.07	53.32	98.31
	Ce	88.54	90.48	100.90	95.28	103.40	86.95	119.10	156.20	76.88	100.40	175.40
	Pr	10.37	10.61	11.78	10.92	12.02	10.04	13.81	18.11	9.526	11.95	20.11
	Nd	38.4	39.7	43.8	39.8	44.1	38.0	49.9	61.9	37.3	45.0	70.3
	Sm	6.33	6.80	7.31	6.73	7.41	6.62	8.58	8.42	6.46	7.03	9.21
	Eu	1.64	1.84	1.85	1.68	1.92	1.74	2.02	1.98	1.90	2.21	2.35
	Gd	4.46	4.98	5.43	5.01	5.63	5.16	6.42	6.03	5.44	5.66	6.56
	Tb	0.54	0.63	0.67	0.62	0.73	0.67	0.79	0.78	0.80	0.82	0.80

表 4-6(续)

名称		海阳(玄武)安山岩							李家庄玄武(安山)岩			
		HY-2	HY-3	HY-4	HY-5	HY-6	HY-9	HY-10	LJZ-2	LJZ-5	LJZ-7	LJZ-15
微量元素含量/$\times10^{-6}$	Dy	2.91	3.22	3.43	3.13	3.65	3.41	4.12	4.07	4.46	4.49	4.28
	Ho	0.59	0.61	0.63	0.60	0.68	0.63	0.80	0.76	0.84	0.83	0.80
	Er	1.55	1.66	1.65	1.63	1.77	1.69	2.15	1.97	2.22	2.23	2.11
	Tm	0.21	0.23	0.24	0.23	0.25	0.23	0.32	0.29	0.31	0.32	0.32
	Yb	1.41	1.45	1.49	1.45	1.63	1.45	1.93	1.89	1.99	2.12	2.09
	Lu	0.21	0.22	0.22	0.23	0.24	0.23	0.28	0.29	0.30	0.32	0.33
	Hf	3.92	6.80	6.58	6.70	7.18	7.01	6.75	8.26	4.05	5.77	7.98
	Ta	0.42	0.73	0.72	0.75	0.80	0.76	0.51	2.03	1.77	2.22	1.40
	Pb	15.67	16.98	12.94	8.63	11.54	10.28	8.92	5.66	5.57	9.38	13.72
	Th	6.70	12.86	13.34	13.09	14.00	13.21	7.57	6.60	3.43	4.60	5.77
	U	0.92	2.53	2.62	2.50	2.73	2.70	1.58	1.31	0.84	0.51	0.98
特征参数	Nb/La	0.16	0.31	0.29	0.30	0.29	0.34	0.25	0.37	0.63	0.61	0.24
	La/Yb	31.7	32.7	34.3	34.1	32.5	30.3	31.8	47.8	19.2	25.1	47.1
	Th/U	7.29	5.07	5.09	5.24	5.13	4.90	4.79	5.05	4.08	9.00	5.89
	Nb/Ta	17.5	20.0	20.5	19.7	19.3	19.6	30.6	16.5	13.6	14.7	16.9
	Zr/Hf	42.0	39.0	40.9	39.0	38.5	38.3	44.2	43.1	46.2	36.7	43.5

山东晚中生代青山群火山岩 CaO/Al_2O_3 与 CaO 含量之间的关系和 La/Sm 与 La 含量之间的关系如图 4-5 所示。山东晚中生代青山群火山岩微量元素蛛网图和稀土元素标准化图如图 4-6 所示。由图 4-6 可知,所有样品都表现出轻稀土元素富集的“右倾”平滑分布模式。

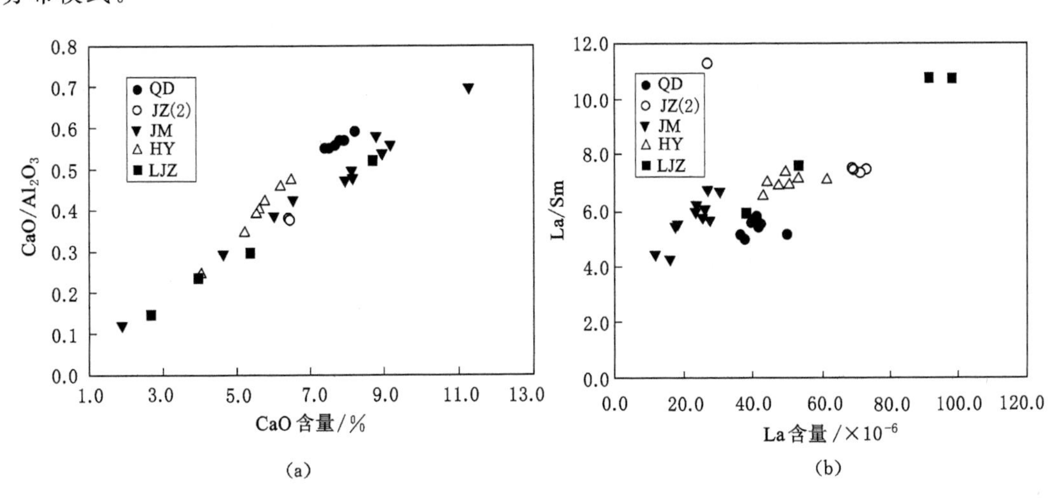

图 4-5　山东晚中生代青山群火山岩 CaO/Al_2O_3 与 CaO 含量之间的关系和 La/Sm 与 La 含量之间的关系

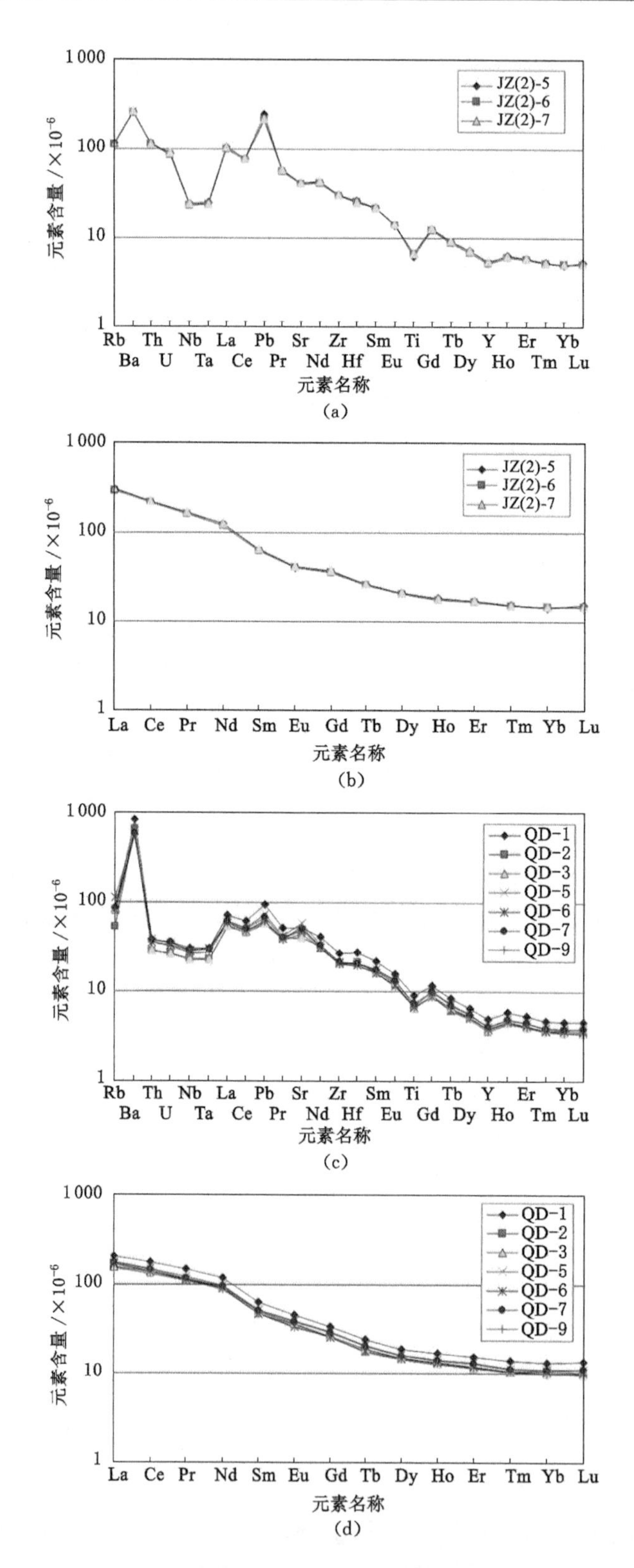

图 4-6　山东晚中生代青山群火山岩微量元素蛛网图和稀土元素标准化图

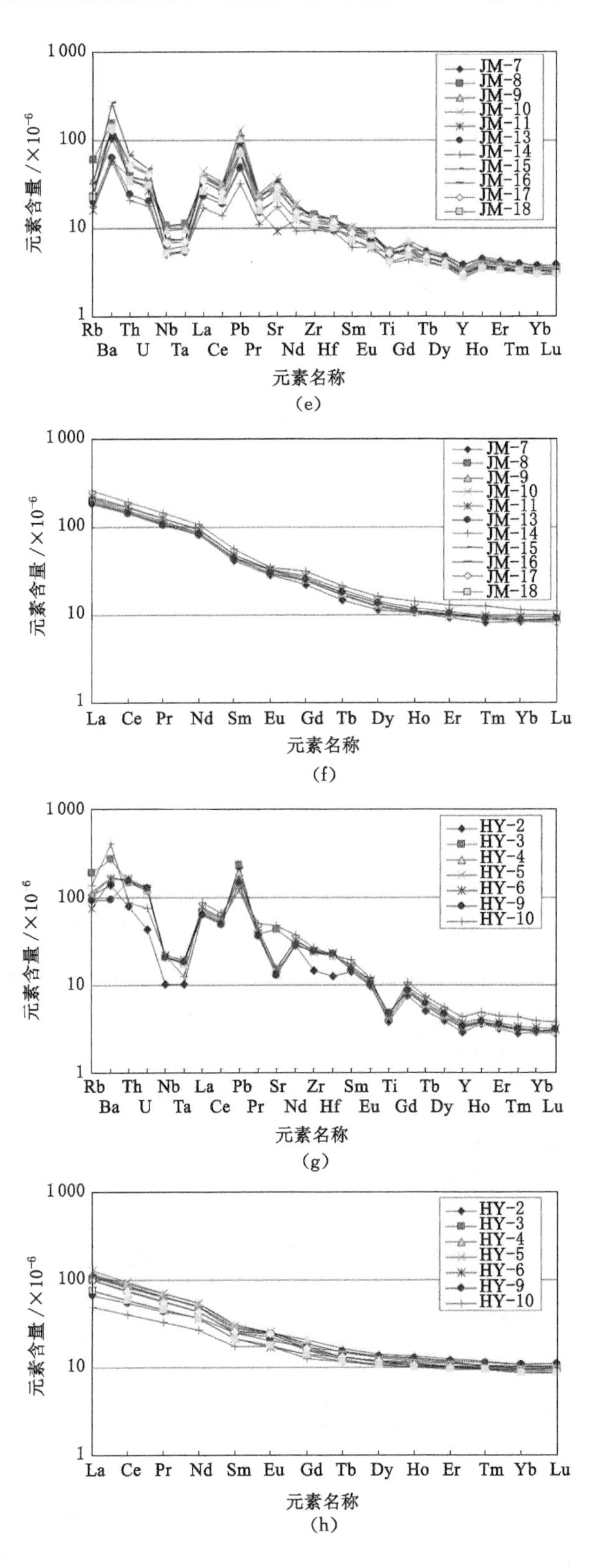
1 000
100
10
1
元素含量/×10⁻⁶
JM-7
JM-8
JM-9
JM-10
JM-11
JM-13
JM-14
JM-15
JM-16
JM-17
JM-18
Rb Th Nb La Pb Sr Zr Sm Ti Tb Y Er Yb
Ba U Ta Ce Pr Nd Hf Eu Gd Dy Ho Tm Lu
元素名称
(e)
La Ce Pr Nd Sm Eu Gd Tb Dy Ho Er Tm Yb Lu
元素名称
(f)
HY-2
HY-3
HY-4
HY-5
HY-6
HY-9
HY-10
元素名称
(g)
元素名称
(h)

图 4-6 （续）

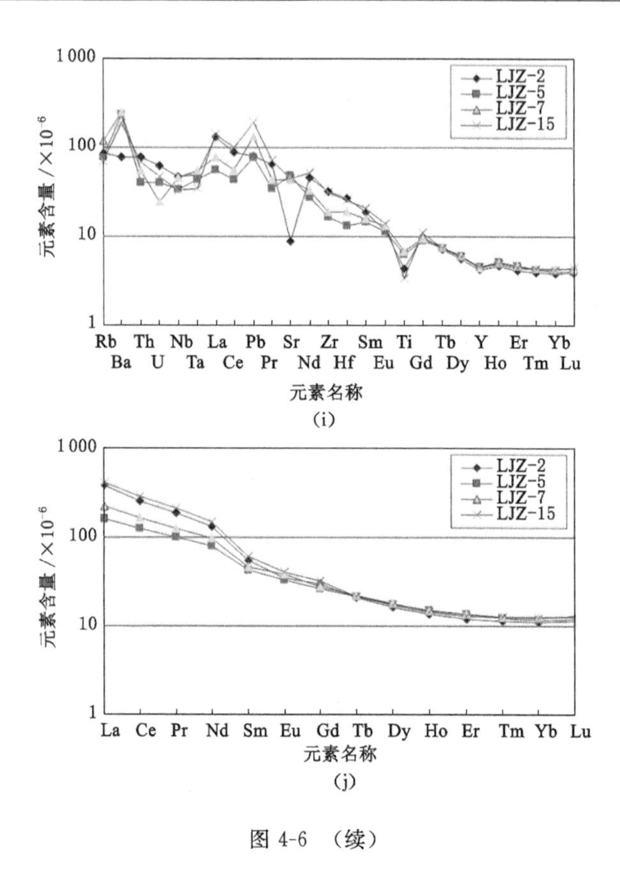

(i)

(j)

图 4-6 （续）

由原始地幔标准化的蛛网图可知，山东青山群火山岩样品均表现出极为富集轻稀土元素和 Ba，亏损 Nb、Ta 和 Ti，以及 Sr 含量变化大的特征，明显不同于洋岛玄武岩。青岛橄榄玄武岩、李家庄玄武岩、李家庄安山岩的样品均表现出 Th/U 相对亏损的特征。由图 4-5(b)可知，La 含量与 La/Sm 呈明显的正相关关系，暗示部分熔融作用可能在岩石成因中起主要因素。值得注意的是，即墨火山岩样品与其他青山群火山岩样品相比，表现出来的特征不一样，可能与其岩浆源区性质的不均一有关，也可能与岩浆演化过程中不同混染源的参与有关。

三、Sr-Nd 同位素组成特征

山东青山群火山岩样品的 Sr-Nd 同位素分析数据见表 4-7 和表 4-8。

表 4-7 山东青山群火山岩样品 Sr-Nd 同位素分析数据①

采样地	样号	年龄 T/Ma	微量元素含量/$\times10^{-6}$				同位素含量比值
			Nd	Sm	Sr	Rb	$^{147}Sm/^{144}Nd$
青岛	QD-1	114	56.19	9.713	1 102.3	55.14	0.105 208
	QD-3	114	43.58	7.588	844.0	54.89	0.105 973
	QD-5	114	45.67	7.852	1 230.0	53.15	0.104 641
	QD-6	114	41.99	7.198	1 029.4	72.06	0.104 332
	QD-9	114	41.10	7.098	1 145.3	47.26	0.105 111
胶州	JZ-6	119	55.80	9.371	850.2	72.85	0.102 213

表 4-7(续)

采样地	样号	年龄 T/Ma	微量元素含量/$\times10^{-6}$				同位素含量比值
			Nd	Sm	Sr	Rb	$^{147}Sm/^{144}Nd$
即墨	JM-7	121	23.24	4.369	682.9	15.35	0.114 419
	JM-9	121	25.74	4.808	584.7	22.69	0.113 687
	JM-15	121	22.82	4.036	755.8	20.89	0.107 644
	JM-16	121	23.48	4.349	664.7	15.90	0.112 731
	JM18	121	16.80	3.294	455.1	14.36	0.119 335
海阳	HY-2	112	38.35	6.329	300.4	68.13	0.100 444
	HY-4	112	43.83	7.313	327.3	68.23	0.101 549
	HY-5	112	39.77	6.732	285.4	74.70	0.103 025
	HY-9	112	38.04	6.622	272.3	59.31	0.105 950
	HY-10	112	49.87	8.575	1 002.8	89.15	0.104 652
李家庄	LJZ-2	99	61.94	8.423	188.2	54.97	0.082 765
	LJZ-5	99	37.27	6.460	1 023.1	49.76	0.105 494
	LJZ-7	99	44.99	7.032	909.5	74.99	0.095 130
	LJZ-15	99	70.28	9.213	947.9	45.13	0.079 785

表 4-8　山东青山群火山岩样品 Sr-Nd 同位素分析数据②

采样地	样号	同位素比值			岩浆源区特征参数		
		$^{87}Rb/^{86}Sr$	$^{143}Nd/^{144}Nd$	$^{87}Sr/^{86}Sr$	$(^{143}Nd/^{144}Nd)_t$	$(^{87}Sr/^{86}Sr)_t$	$\varepsilon_{Nd}(t)$
青岛	QD-1	0.144 849	0.511 787	0.707 737	0.511 708	0.707 501	−15.26
	QD-3	0.188 321	0.511 821	0.707 555	0.511 741	0.707 248	−14.61
	QD-5	0.125 126	0.511 826	0.708 144	0.511 747	0.707 940	−14.49
	QD-6	0.202 702	0.511 868	0.708 034	0.511 790	0.707 703	−13.67
	QD-9	0.119 488	0.511 872	0.708 189	0.511 793	0.707 994	−13.60
胶州	JZ-6	0.248 118	0.511 793	0.707 597	0.511 713	0.707 176	−15.05
即墨	JM-7	0.065 088	0.511 924	0.707 614	0.511 833	0.707 501	−12.65
	JM-9	0.112 370	0.511 946	0.707 571	0.511 855	0.707 376	−12.21
	JM-15	0.080 035	0.511 914	0.708 023	0.511 828	0.707 884	−12.74
	JM-16	0.069 266	0.511 759	0.707 967	0.511 669	0.707 847	−15.84
	JM18	0.091 369	0.511 943	0.708 126	0.511 848	0.707 968	−12.36
海阳	HY-2	0.656 731	0.511 732	0.709 895	0.511 658	0.708 841	−16.29
	HY-4	0.603 641	0.511 707	0.710 261	0.511 632	0.709 292	−16.79
	HY-5	0.757 907	0.511 722	0.710 702	0.511 646	0.709 485	−16.52
	HY-9	0.630 709	0.511 716	0.710 477	0.511 638	0.709 465	−16.68
	HY-10	0.257 428	0.511 734	0.708 321	0.511 657	0.707 908	−16.31

表 4-8(续)

采样地	样号	同位素比值			岩浆源区特征参数		
		$^{87}Rb/^{86}Sr$	$^{143}Nd/^{144}Nd$	$^{87}Sr/^{86}Sr$	$(^{143}Nd/^{144}Nd)_t$	$(^{87}Sr/^{86}Sr)_t$	$\varepsilon_{Nd}(t)$
李家庄	LJZ-2	0.845 776	0.511 776	0.707 517	0.511 722	0.706 319	−15.37
	LJZ-5	0.140 835	0.512 179	0.706 160	0.512 110	0.705 960	−7.80
	LJZ-7	0.238 753	0.512 067	0.706 205	0.512 005	0.705 867	−9.85
	LJZ-15	0.137 864	0.511 720	0.705 983	0.511 668	0.705 788	−16.42

山东晚中生代青山群火山岩 $\varepsilon_{Nd}(t)$ 与 $(^{87}Sr/^{86}Sr)_t$ 之间的变化关系如图 4-7 所示。图中 $(^{87}Sr/^{86}Sr)_t$ 表示 t 时刻 Sr 两种同位素含量比值,其他类同。由表 4-8 和图 4-7 可知,与新生代玄武岩的 $(^{87}Sr/^{86}Sr)_t<0.705\ 250$ 和 $\varepsilon_{Nd}(t)=0\sim7$ 相比,青山群火山岩具有较大的 $(^{87}Sr/^{86}Sr)_t$ 和较小的 $\varepsilon_{Nd}(t)$。其 $(^{87}Sr/^{86}Sr)_t$ 介于 0.709 485 和 0.705 788 之间,$\varepsilon_{Nd}(t)=-16.79\sim-7.80$。李家庄样品的 $(^{87}Sr/^{86}Sr)_t$ 变化不大(0.705 788 ~ 0.706 319),其中,样品 LJZ-5 的 $\varepsilon_{Nd}(t)$ 最大,为−7.80;海阳(玄武)安山岩 $\varepsilon_{Nd}(t)$ 为−16.29~16.79,其 $(^{87}Sr/^{86}Sr)_t$ 在 0.707 908 和0.709 485 之间变化。由图 4-7 可知,一部分海阳(玄武)安山岩进入了大别造山带的范围;青岛橄榄玄武岩、胶州玄武(安山)岩、即墨玄武(安山)岩的 $(^{87}Sr/^{86}Sr)_t$、$\varepsilon_{Nd}(t)$ 值变化不大,$(^{87}Sr/^{86}Sr)_t=0.707\ 176\sim0.707\ 994$,$\varepsilon_{Nd}(t)=-15.84\sim-12.21$。

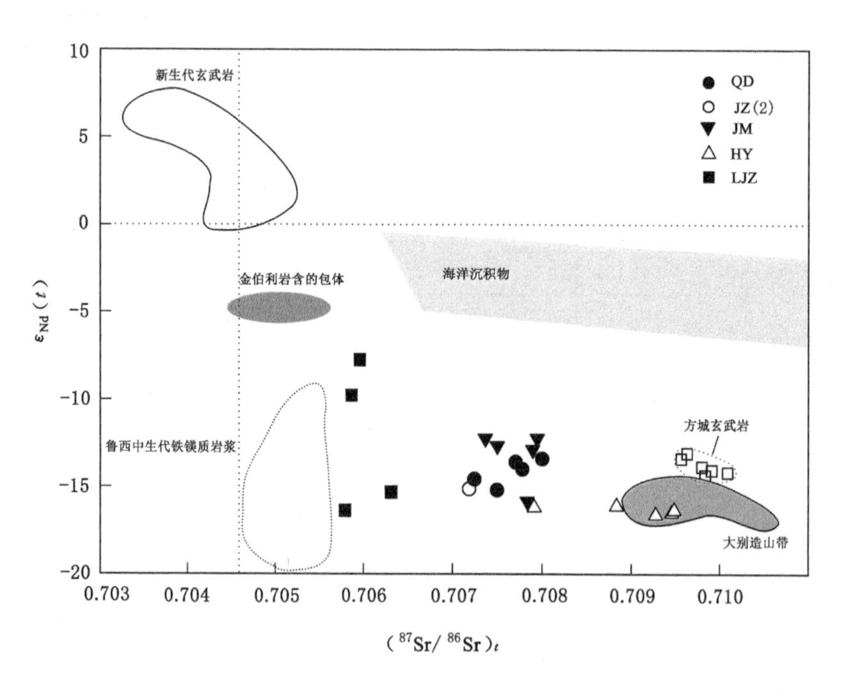

图 4-7 山东晚中生代青山群火山岩 $\varepsilon_{Nd}(t)$ 与 $(^{87}Sr/^{86}Sr)_t$ 之间的关系

第三节　山东地区火山岩成因分析

一、地壳混染作用

山东青山群火山岩的 MgO 含量、Cr 含量、Ni 含量、Nb 含量、Ta 含量变化范围均较大，可能暗示岩浆存在结晶分异作用或地壳混染作用。因此有必要讨论岩浆在上升到地表过程中是否经历了地壳混染作用或结晶分异作用。所有样品均表现出 Nb、Ta 亏损严重，部分样品的 Th 含量较高，以及 Sr-Nd 同位素组成特征暗示在岩浆形成过程中可能有地壳物质的加入。地壳混染作用过程中相关参数之间的关系如图 4-8 所示。Nd/La 与 SiO_2 含量之间的关系如图 4-8(h)所示。$\varepsilon_{Nd}(t)$与 SiO_2 含量之间关系如图 4-8(b)所示。由上述两图可知，李家庄样品的 SiO_2 含量与 Nd/La 和 $\varepsilon_{Nd}(t)$均呈负相关关系，而从图 4-8(f)、(d)可以看出，$\varepsilon_{Nd}(t)$与 MgO 含量和 Sm/Nd 均呈正相关关系，这与地壳混染模型的预测结果相同。前文已述及，李家庄样品的参数之间形成了较好的线性关系，其中 Na_2O 含量、K_2O 含量、SiO_2 含量、Al_2O_3 含量与 MgO 含量均呈负相关关系，Fe_2O_3 含量、CaO 含量与 MgO 含量均呈正相关关系，这显示了两端元混合的特征。李家庄安山岩的 MgO、Cr、Ni 含量低于李家庄玄武(安山)岩，因此推测李家庄安山岩岩浆是李家庄玄武岩浆经地壳混染后的产物。其中，样品 LJZ-5 具有较低的 SiO_2 含量(49.20%)和较大的 $\varepsilon_{Nd}(t)$值(−7.80)，该 $\varepsilon_{Nd}(t)$值可能为华北中生代岩浆 $\varepsilon_{Nd}(t)$的最高值，所以 LJZ-5 可能代表了受地壳混染作用最小的晚中生代幔源岩浆，该结论与青山群基性岩浆中酸性岩浆是下地壳熔融产物的观点不同。

由图 4-8 可知，青山群基性火山岩岩浆(包括 LJZ-5)相关参数之间并没有形成明显的相关关系。例如，这些基性火山岩样品的$(^{87}Sr/^{86}Sr)_t$ 和 $\varepsilon_{Nd}(t)$与 SiO_2 含量之间的变化关系都不明显，说明它们受结晶混染作用(AFC 过程)的影响不大。由图 4-8(c)、(g)、(f)可知，青岛橄榄玄武岩$(^{87}Sr/^{86}Sr)_t$ 与 SiO_2 含量之间略呈负相关关系，$(^{87}Sr/^{86}Sr)_t$ 与 MgO 含量之间及 $\varepsilon_{Nd}(t)$与 MgO 含量之间均略微呈负相关关系，这与地壳混染的预计结果相矛盾。这些基性火山岩样品的$(^{87}Sr/^{86}Sr)_t$ 均较大而 $\varepsilon_{Nd}(t)$值均较小，如果这是来自软流圈地幔的基性岩浆受地壳混染影响的结果，那地壳混染作用会大大提高青山群基性岩浆 SiO_2 的含量，从而改变青山群基性岩浆的性质。显然，AFC 过程在青山群基性岩浆演化过程中的作用可以忽略不计，也就是说，青山群基性火山岩微量元素和同位素的组成受地壳物质的影响很小，这和岩浆熔融源区的性质一致。

二、结晶分异作用

从上文所述的元素地球化学特征可知，山东青山群火山岩的 MgO 含量、Cr 含量、Ni 含量、Nb 含量、Ta 含量变化范围均较大，暗示岩浆经历了结晶分异作用。Fe_2O_3 含量、Ni 含量、Cr 含量与 MgO 含量均呈正相关关系，CaO/Al_2O_3 与 CaO 含量也呈正相关关系[图 4-5(d)]，这说明橄榄石和辉石为主要的分离结晶矿物。在蛛网图上，青山群基性岩浆存在 Ti 含量的负异常，这指示钛铁氧化物的晶出。青山群基性岩浆不存在 Eu 的负异常，因此，长石不是主要的分离结晶矿物。此外，不同地区的岩石具有不同的 Sr-Nd-Pb 同

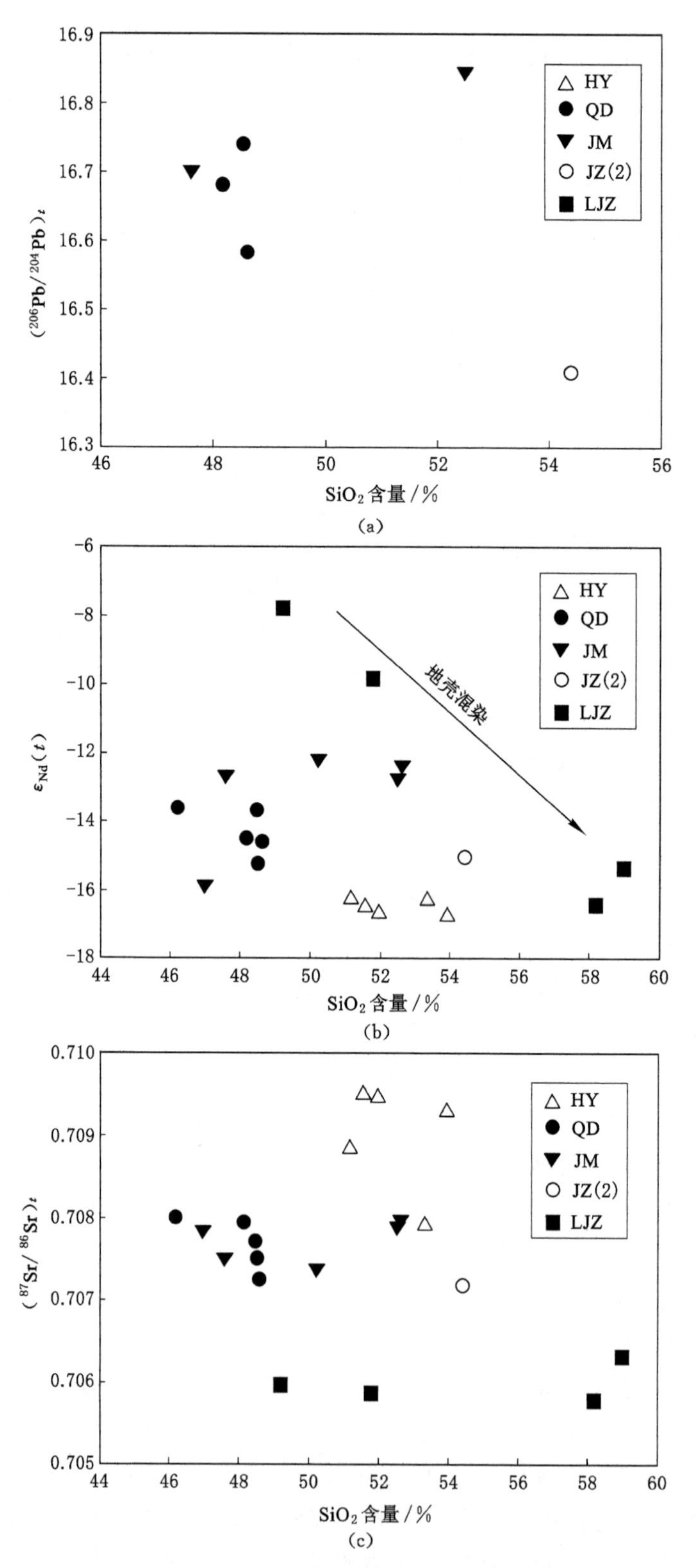

图 4-8 地壳混染作用过程中相关参数之间的关系

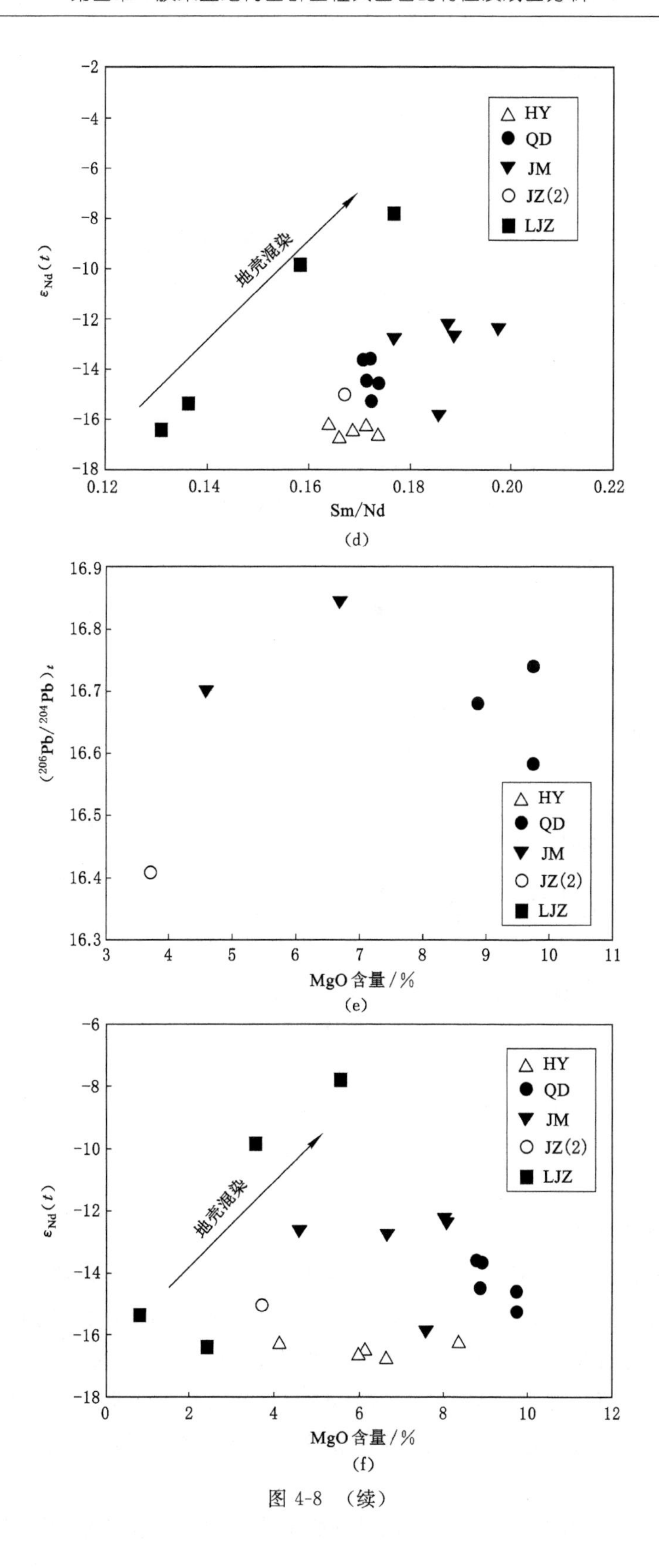
HY
QD
JM
JZ(2)
LJZ
地壳混染
$\varepsilon_{Nd}(t)$
Sm/Nd
(d)
$(^{206}Pb/^{204}Pb)_t$
MgO 含量/%
(e)
地壳混染
$\varepsilon_{Nd}(t)$
MgO 含量/%
(f)

图 4-8 （续）

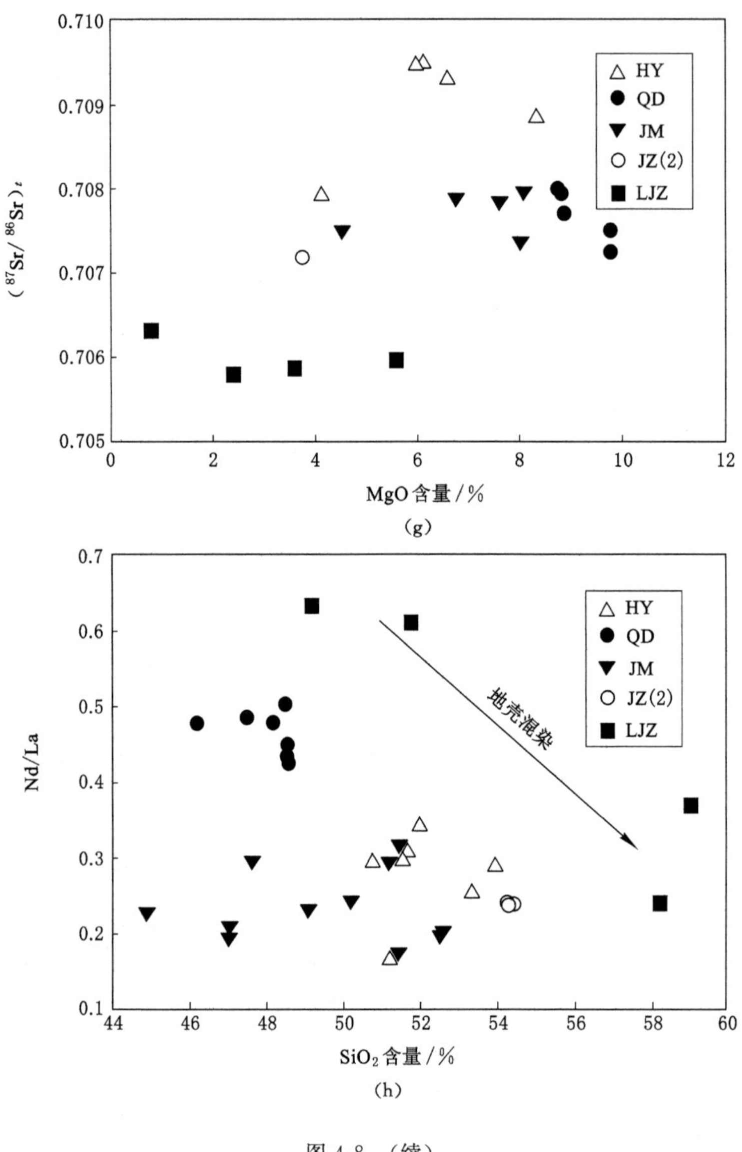

图 4-8 (续)

位素组成,如图 4-9 所示。

三、熔融源区特征

强不相容元素(如 Th、Nb、Ba、La、Zr 等)因具有相似的全岩分配系数,故部分熔融作用和结晶分离作用都不会导致这些元素发生强烈分异。这些元素之间的含量比值可以反映地幔源区的组成特征。青山群基性火山岩富集大离子亲石元素(LILE)、轻稀土元素(LREE),亏损高场强元素(HFSE),而且具有中等富集的 Sr-Nd 同位素组成,这暗示其来源于同时富集 LILE 和 LREE 及具有中等富集的 Sr-Nd 同位素组成的岩浆熔融源区,如大陆富集岩石圈地幔或古老地壳。

如前所述,采自李家庄的 LJZ-5 样品受地壳混染作用的程度最低,因此其 Sr-Nd 同位素

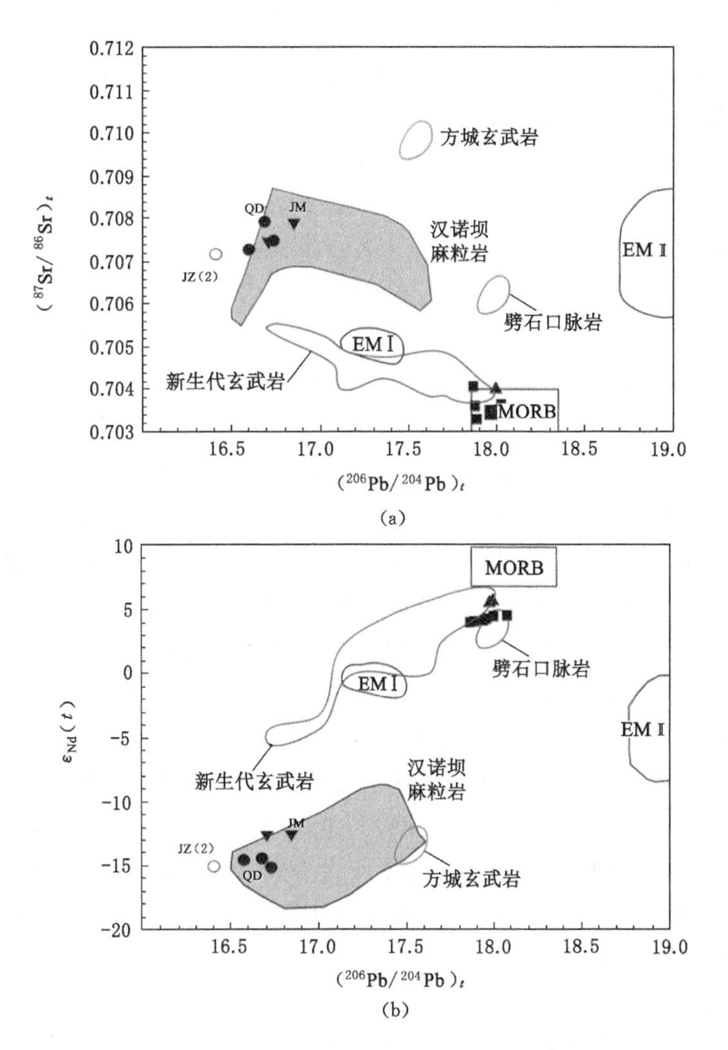

EM Ⅰ—富集地幔类型Ⅰ;EM Ⅱ—富集地幔类型Ⅱ;MORB—洋中脊玄武岩。

图 4-9　$(^{87}Sr/^{86}Sr)_t$、$\varepsilon_{Nd}(t)$与$(^{206}Pb/^{204}Pb)_t$之间的关系

组成很可能代表了岩石圈地幔源区的组成。值得注意的是,该样品的$(^{87}Sr/^{86}Sr)_t$值(0.705 960)和$\varepsilon_{Nd}(t)$值(−7.80)非常接近蒙阴金伯利岩的Sr-Nd同位素特征值。这说明李家庄玄武岩可能来自奥陶纪金伯利岩中橄榄岩包体所代表的地幔源区。

相对于LJZ-5样品,青岛橄榄玄武岩、胶州玄武(安山)岩、即墨玄武(安山)岩、海阳(玄武)安山岩更为富集轻稀土元素和LILE,而且具有较为富集的Sr-Nd同位素组成。

众所周知,亏损地幔和大陆下地壳都以较小的Nb/Ta和Zr/Hf为特征,而古老大陆地壳(如TTG)则以较小的Nb/Ta和较大的Zr/Hf为特征,因此通过亏损地幔和大陆地壳两端元的混合尽管可以解释青山群基性火山岩的Sr-Nd同位素组成特征,但难以解释青山群基性岩浆中Nb/Ta和Zr/Hf均较大(图4-10)的原因。综上所述,青山群基性火山岩的地球化学特征和Sr-Nd-Pb同位素组成特征是青山群基性火山岩经历一定程度演化的结果,表明其既不太可能来源于一种富集大陆岩石圈地幔,也不太可能是俯冲陆壳和亏损地幔混合

源区部分熔融作用的产物。

Th/U 值对认识胶东地区岩石圈地幔的富集过程起到了一定的指示作用，部分熔融作用和结晶分离作用都不会导致 Th 和 U 强烈分异，而 Th/U 可以反映地幔源区的组成特征。李家庄样品 LJZ-5 的 Th/U 为 4.1，而其他青山群基性火山岩样品的 Th/U 为4.3～7.3，如图 4-10(c)所示。Th 和 U 只有在地表氧化环境下才可以强烈分异。研究表明，具有较大 Th/U(7.6)的高斯山钾镁煌斑岩就是由富长石交代岩石圈地幔熔融产生的。因此胶莱盆地基性火山岩的 Th/U 较大可能是中上地壳组分参与基性火山岩源区岩浆形成的结果。由图 4-10(c)可知，青山群基性火山岩的 Th/U 与 $\varepsilon_{Nd}(t)$ 大致呈负相关关系。由于 $\varepsilon_{Nd}(t)$ 值不易改变，这也证明地壳物质参与了基性火山岩源区岩浆的形成。

对矿物分配系数的研究表明，Nb、Ta 分馏或 Nb/Ta 较大主要因为 Mg# 值较低的角闪石和金红石的部分熔融作用，没有经过金红石榴辉岩部分熔融作用形成的岩浆 Nb、Ta 基本不分馏，也就是说部分熔融作用会导致 Nb/Ta 的增大。在青山群基性火山岩中，LJZ-5 样品的 Nb/Ta 最小，为 13.60，其他样品的 Nb/Ta 为 15.73～30.57，因此我们认为其他地区基性岩浆 Nb/Ta 较大可能是下地壳中有大量金红石参与部分熔融作用所致。

源区碳酸岩交代是产生较大 Zr/Hf 的基性岩浆的主要机制。李家庄玄武岩样品 LJZ-5 的 Zr/Hf 值为 46.2，大于胶莱盆地其他青山群基性火山岩的 Zr/Hf 值(34.9～44.5)。胶东地区青山群基性火山岩较大的 Th/U 和较小的 Zr/Hf 可以说明胶东地区青山群基性火山岩的源区是富硅源区参与，而不是源区碳酸岩交代的结果，这与 H.F.Zhang 等的研究结论一致；同时海阳(玄武)安山岩的 Nb/Ta、Rb/Sr 值较大暗示其源区将出现更多富硅源区及长石。各地区青山群基性火山岩主量元素不存在岩浆演化趋势，微量元素特征和同位素组成特征都存在差别，这说明青山群基性火山岩不是亏损地幔端元和富集地幔源区端元(EM Ⅰ、EM Ⅱ)混合产生的。

四、岩石成因探讨

对大别—苏鲁造山带晚中生代基性侵入岩和火山岩的研究表明，该区域存在俯冲改造的富集岩石圈地幔。如前文所述，各个地区青山群基性火山岩的主、微量元素组成没有形成连续的变化趋势，其微量元素含量比值和同位素组成也存在差别。由于 AFC 过程在岩浆过程中的作用不明显，这些元素和同位素组成的不均一性可能更反映了岩浆源区组成的不均一性。本研究区火山岩明显富集大离子亲石元素和轻稀土元素，亏损 Nb、Ta、Ti 等元素，以及具有较小的 Nb/La，因此，本研究区火山岩不可能直接由软流圈的部分熔融作用形成，而可能是因岩浆源区有地壳物质或富集岩石圈地幔组分的参与所形成。部分地区青山群基性火山岩具有较小的 $^{206}Pb/^{204}Pb$，可能与华北下地壳物质组分的参与有关，因为华北下地壳物质组分具有相对小的 $^{87}Sr/^{86}Sr$、$^{206}Pb/^{204}Pb$ ，但是这些样品同时具有较大的 $^{207}Pb/^{204}Pb$，这与胶东地区基性火山岩 Th/U 较大的结论相一致，可能是俯冲岩片熔化后产生的硅质熔融体交代改造弧下地幔源而造成的。

研究区胶东地区青山群基性火山岩形成于大陆板内环境，具有大陆边缘弧火山岩的特征和形成环境与所处构造环境不一致的特点，因此它应属于一种弧(陆缘弧)火山岩，但是山东地区离古太平洋俯冲带距离很远，并且在 100 Ma 之前古太平洋板块与欧亚板块之间的

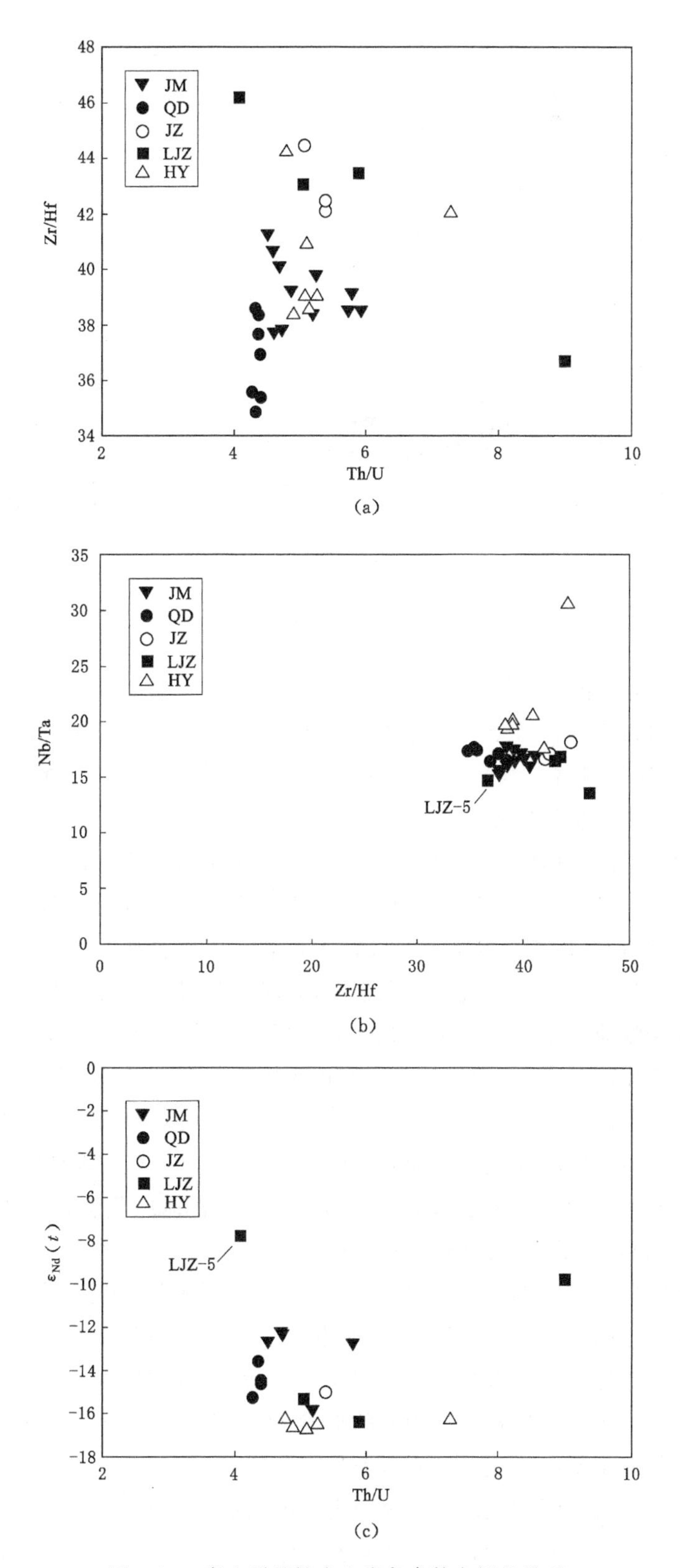

图 4-10　青山群基性火山岩各参数之间的关系

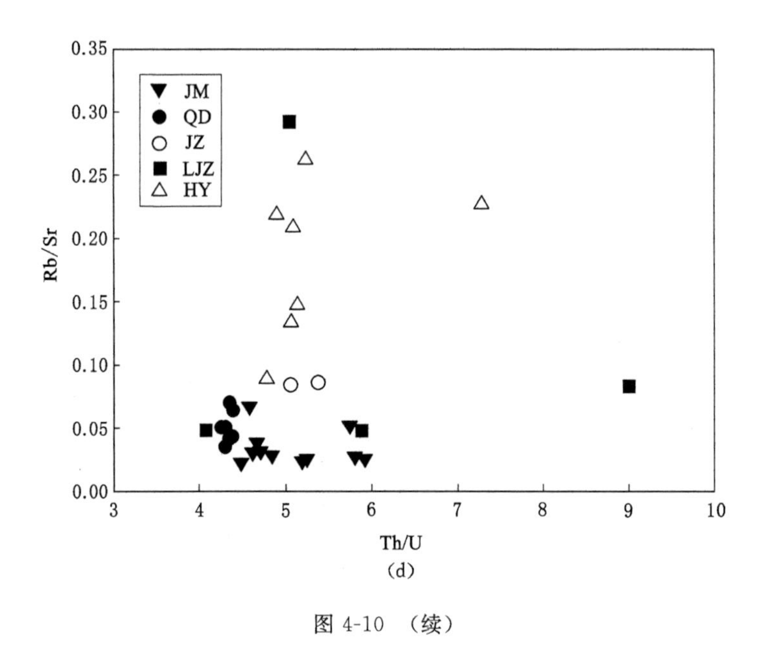

(d)

图 4-10 （续）

运动属于走滑运动，海洋沉积物的参与也解释不了$^{87}Sr/^{86}Sr$较大及$^{206}Pb/^{204}Pb$和$\varepsilon_{Nd}(t)$均较小的原因。同时在空间位置上位于苏鲁造山带内部的海阳（玄武）安山岩 Nb/Ta、Rb/Sr 较大，这暗示其源区更多富硅源区以及长石的出现，这种空间构造关系使我们不得不把富硅源区和长石源区与华南板块联系起来。

近年来，多数研究者都认为扬子板块与华北板块的碰撞是华北南缘富集岩石圈地幔形成的主要因素，胶东地区青山群基性火山岩源区应该产生于古苏鲁洋板块俯冲及扬子板块与华北板块碰撞之后，即所谓的滞后型钙碱性火山岩。华南板块和华北板块在三叠纪时期的碰撞不仅破坏了华北板块在物理上的完整性，同时还促进了华北板块的地幔与俯冲的华南板块的上下地壳物质的反应。火山岩源区的出现与俯冲作用有关，随着古苏鲁洋板块与华南板块俯冲碰撞作用的进行，大量的壳源沉积物进入楔形地幔，地壳物质析出的流体和深部的上升流体对楔形地幔产生交代作用，形成富集不相容元素的富集地幔源，但岩浆的熔融作用和俯冲作用并不是同时发生的。此外，碰撞带在空间上是有局限性的，在华北的腹地太行山和北京地区同样出现了与大别造山带北部基性火山岩地球化学特征相近的岩浆喷发，因此，华北中生代岩浆岩的大规模喷发应该有其他解释。

早白垩纪至晚白垩纪时期，中国东部进入了太平洋动力演化阶段（今太平洋体系演化阶段），转入以拉张为主的构造运动背景中，同时发育了大型超壳断裂（郯庐断裂）及其附属的众多断裂。拉张构造运动和众多断裂的共同作用，导致本研究区早在三叠纪时期就形成了因富集地幔熔融产生的青山群基性火山岩的喷发，表现为火山岩主要分布在胶莱盆地的控盆断裂郯庐断裂带和牟平—即墨断裂附近及拉张盆地内。

由 LJZ-5 代表的沂沭断裂区的基性火山岩与胶东地区胶莱盆地内发育的基性火山岩在主、微量元素及 Sr-Nd 同位素组成上有显著的差异，说明华北晚中生代的古老富集地幔应该是多次富集事件造成的，至少在三叠纪时期华南板块和华北板块的碰撞事件并没有造成所有华北地区地幔性质的统一改变，部分地区还残留古生代时期火山岩的特征。

第四节　小　　结

（1）胶东地区青山群基性火山岩喷发年龄为 121～99 Ma，为晚中生代岩浆作用的产物，总体属钙碱性系列岩石。地球化学特征表明，它们为交代富集地幔部分熔融作用的产物。岩浆在上升侵位过程中没有遭受明显的地壳混染作用，但可能经历了橄榄石、单斜辉石、Ti-Fe 氧化物的分离结晶作用。

（2）李家庄基性岩浆中酸性岩浆的地球化学特征是基性岩浆与地壳混染的结果。

（3）产出于苏鲁造山带内部（位于胶莱盆地与苏鲁造山带的界线牟平—即墨断裂的南部）的海阳（玄武）安山岩具有较大的 Nb/Ta、Rb/Sr、Th/U 值和最为富集的 Sr-Nd 同位素组成，暗示华南板块与青山群火山岩之间存在联系。

（4）山东基性火山岩在构造上可能同时受控于沂沭断裂（郯庐断裂山东段）的左行平移和伸展活动。

（5）胶莱盆地基性火山岩虽形成于大陆板内环境，但表现出大陆边缘弧玄武岩的地球化学特性，表明在岩浆作用之前存在大洋（古苏鲁洋）板块与华南板块的俯冲碰撞作用，火山岩为滞后型弧（陆缘弧）火山作用的产物。

（6）华南板块与华北板块在三叠纪时期的碰撞改变了胶莱盆地岩石圈地幔的性质，但因该碰撞的影响在空间上是有限的，所以华北中生代岩浆岩的大规模喷发应该有其他解释。

第五章　胶莱盆地年龄 96～73 Ma 基性火山岩的特征、成因及演化分析

软流圈发生熔融的前提条件是上覆岩石圈的厚度小于 80 km。因此，华北克拉通内部出现来源于软流圈的岩浆是克拉通岩石圈减薄的重要标志，而此类岩浆最早出现的时间可以用于限定岩石圈减薄的时间。例如，华北克拉通北部辽宁阜新地区来源于软流圈地幔的岩浆年龄约为 100 Ma，而华北南部(胶东地区)岩浆年龄为 82～73 Ma。因此，华北岩石圈减薄在时空分布上可能是不均一的，华北北部的岩石圈减薄作用早于华北南部(胶东地区)。目前，关于华北克拉通喷发年龄为 100～73 Ma，且来源于软流圈的岩浆的研究较少，相关的岩石成因探讨也较少。如前所述，胶州玄武岩和诸城玄武岩的年龄分别为 73 Ma 和 96 Ma，恰好位于徐义刚定义的华北中生代岩浆间歇期的前后。本章对这些岩浆的性质和成因单独进行探讨，以期解释岩石圈减薄过程中关键阶段的岩浆生成机制。

第一节　岩石学特征和年代学特征

一、岩石学特征

诸城玄武岩：位于胶莱盆地内部的诸城东北部，呈灰黑色，致密块状，具粗玄结构，主要由长石(含量为 40%～60%)、辉石(含量为 30%～40%)和少量的磁铁矿组成，如图 5-1 所示，在岩流单位的顶部多见气孔构造和充填着绿泥石、方解石的杏仁。

(a)　(b)

Ol—橄榄石；Cpx—单斜辉石；Pl—斜长石。

图 5-1　诸城玄武岩(ZC-1)不同位置结构照片

胶州玄武岩：位于胶州大西庄村西北，呈黑色，致密块状，斑晶主要是橄榄石，含量 8%

～15%，基质主要由斜长石和辉石组成，含尖晶石二辉橄榄岩包体。Ar-Ar 测年法测定的火山岩年龄为 73 Ma，$\varepsilon_{Nd}(t)=7.5$，表明玄武岩来自亏损地幔。

二、年代学特征及地层归属

对诸城拉斑玄武岩采用 Ar-Ar 法进行定年，多阶段激光加热所获数据见表 5-1。测试样品的年龄谱和等值线具有较好的相关关系（图 5-2），通过多阶段激光加热所获诸城玄武岩的坪年龄（T_1）为（96.0±2.98）Ma，正、反等值线年龄 T_3、T_4 分别为（94.9±19.05）Ma、（94.62±18.47）Ma，在误差范围内与坪年龄相一致，因此 96.0 Ma 代表了诸城玄武岩喷发的年龄。结合之前胶州构造演化的特征及对青山期年代学特征的研究，诸城玄武岩落入青山期岩浆活动的后期，位于岩浆间歇期之前，属于青山群地层的一部分。胶州玄武岩的喷发年龄为 73.5 Ma，属于王氏期红土崖组地层的一部分。

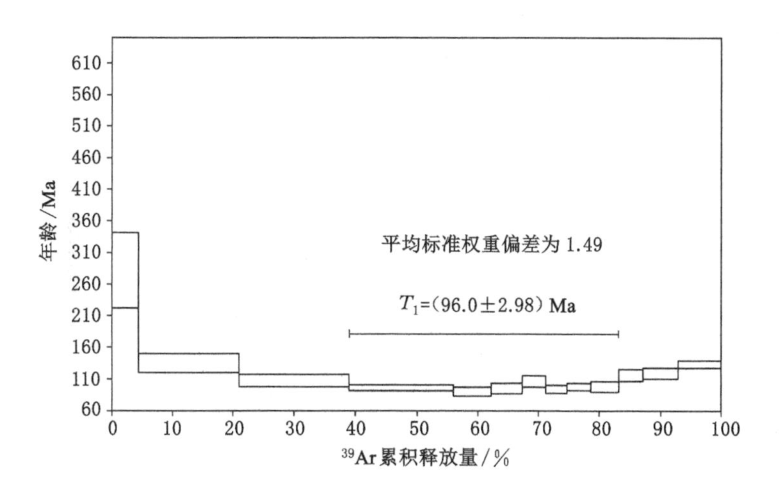

图 5-2 诸城玄武岩(ZC-1)全岩激光加热 Ar-Ar 测年法年龄谱

表 5-1 诸城玄武岩(ZC-1)全岩 Ar-Ar 测年法分析数据

岩性	样号	特征年龄	年龄/Ma
碱性玄武岩	ZC-1 （全岩）	T_1	96.0±2.98
		T_3	94.9±19.05
		T_4	94.62±18.47

第二节 地球化学特征

一、主量元素组成

诸城玄武岩主量元素相关数据见表 5-2。由表可知，诸城玄武岩均出现 Q（石英）而无 Ol（橄榄石），且 Hy（紫苏辉石）含量较高（19.6%～20.0%），说明岩石属亚碱性系列玄武岩，胶州玄武岩均出现 Ol 而无 Q 和 Hy，出现较高质量含量（9.4%～14.1%）的 Ne（霞石），这指示了岩石的碱性特征。诸城玄武岩中化合物含量之间的变化关系如图 5-3 所示。图中胶州玄武岩(闫)表示该数据来自闫峻等,大屯玄武岩(张)表示该数据来自张辉煌等,下同。诸城玄武岩在图 5-3(a)中投点落入了亚碱性玄武岩区,在图 5-3(b)中投点则落入了拉斑玄武岩区,结合 CIPW 标准矿物含量分析结果确定其为拉斑玄武岩;胶州玄武岩投点落入粗玄岩区,结合 CIPW 标准矿物含量分析结果确定其为碱性玄武岩。

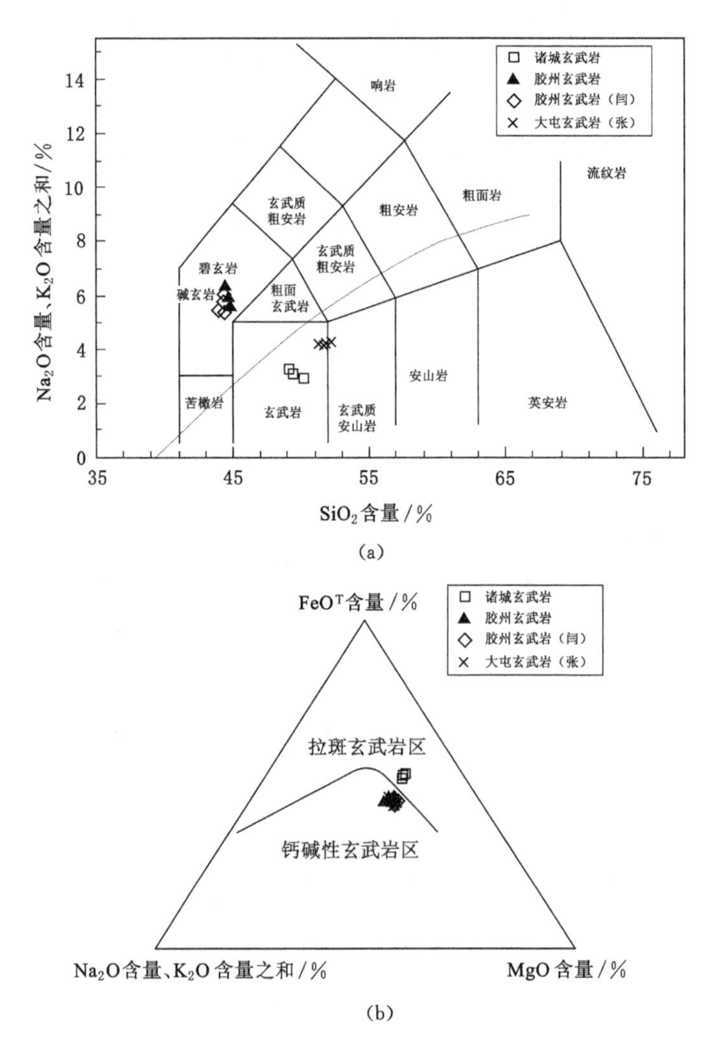

图 5-3 诸城玄武岩中化合物含量之间的变化关系

胶州碱性玄武岩的 SiO_2 含量(44%)较诸城拉斑玄武岩的 SiO_2 含量(49.0%~50.2%)低,前者 MgO 含量较后者高,如图 5-4 所示。胶州碱性玄武岩具有相对较高的 Na_2O 含量、K_2O 含量、TiO_2 含量、MnO 含量、P_2O_5 含量、Fe_2O_3 含量,而拉斑玄武岩具有相对较高的 SiO_2 含量、Al_2O_3 含量和 CaO 含量。

出露于长春大屯的年龄为 92.5 Ma 的拉斑玄武岩在年代上与诸城拉斑玄武岩相近,大屯拉斑玄武岩也是华北克拉通东部最早出现具有软流圈特征的拉斑玄武岩,所以本书将胶州碱性玄武岩和诸城拉斑玄武岩与大屯拉斑玄武岩做比较，得出诸城拉斑玄武岩具有相近的 MgO 含量、SiO_2 含量、TiO_2 含量、P_2O_5 含量、Cr 含量、Ni 含量、Sc 含量、MnO 含量、Na_2O 含量，较高的 CaO 含量、Co 含量、Fe_2O_3 含量以及较低的 Al_2O_3 含量；大屯拉斑玄武岩与诸城拉斑玄武岩都出现 Q 标准矿物，都不出现 Ol、Ne 标准矿物；胶州碱性玄武岩不出现 Q 标准矿物，出现了含量较高的 Ol（含量为 12.65%～14.18%）、Ne（含量为 9.37%～14.08%）标准矿物。

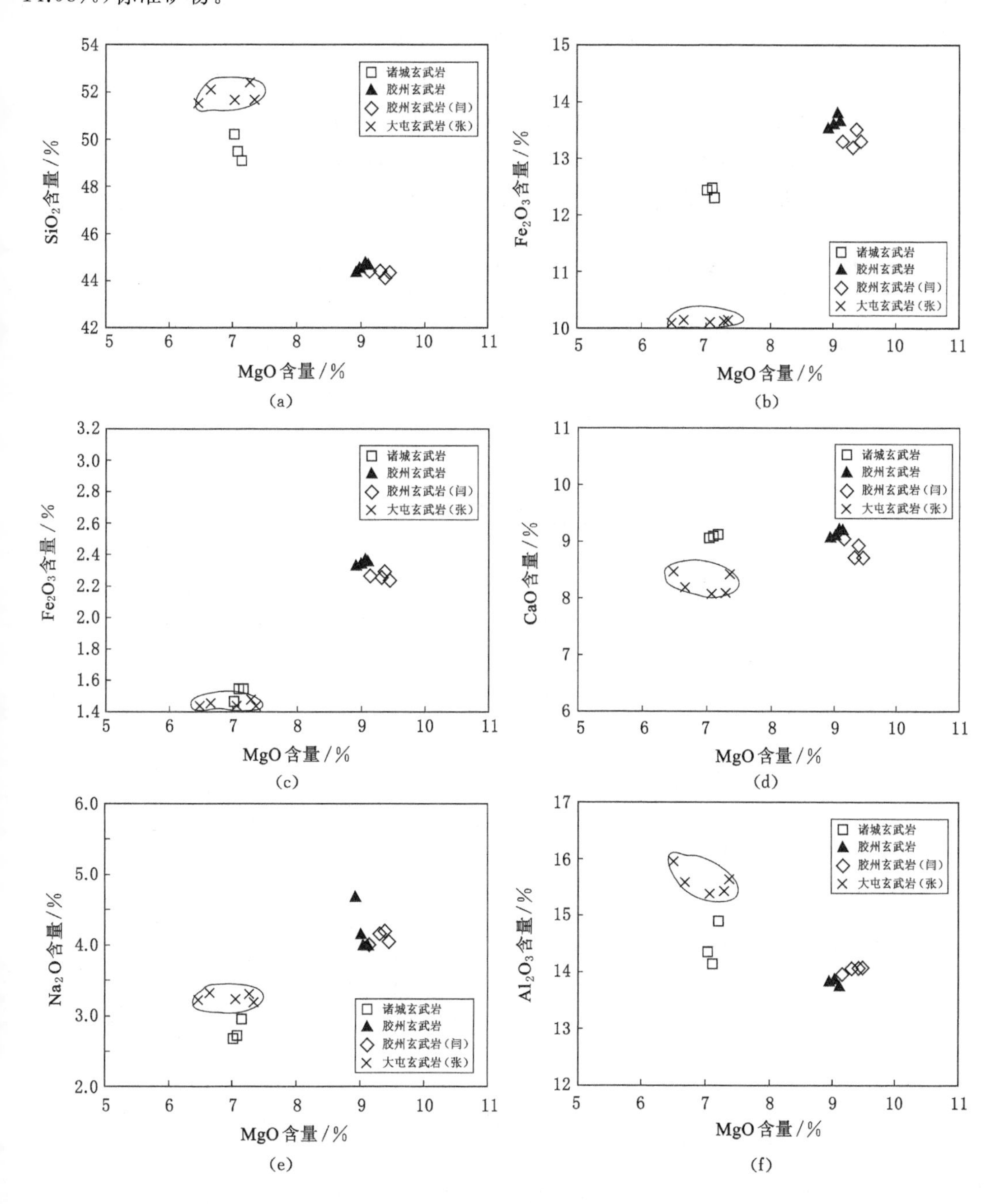

图 5-4　诸城玄武岩、胶州玄武岩、大屯玄武岩主量元素化合物含量与其 MgO 含量的关系

二、稀土元素和微量元素含量特征

胶州、诸城玄武岩主量元素化合物含量和CIPW标准矿物含量及Mg#值见表5-2。胶州、诸城玄武岩微量元素含量及特征比值见表5-3。稀土元素和微量元素标准化配分模式图如图5-5所示。由图5-5可知，诸城拉斑玄武岩样品和胶州碱性玄武岩样品各自具有一致的稀土配分模式。碱性玄武岩的稀土元素总含量($187.3\times10^{-6}\sim196.6\times10^{-6}$)高于拉斑玄武岩的稀土元素总含量($56.3\times10^{-6}\sim58.1\times10^{-6}$)，且轻重稀土元素分异程度(La/Yb = 21.1～20.2)也高于拉斑玄武岩的。由图5-5(b)可知，胶州碱性玄武岩均显示Nb含量、Ta含量有明显的正异常，而由表5-3可知，诸城拉斑玄武岩的Nb含量、Ta含量则有不明显的正异常(Nb/La=0.89～1.04)。胶州碱性玄武岩微量元素配分模式类似于OIB，诸城拉斑玄武岩的微量元素配分模式甚至接近E-MORB，且诸城拉斑玄武岩还具有亏损Rb、Pb但富集Sr元素的特征，长春大屯出露的拉斑玄武岩微量元素配分模式位于诸城拉斑玄武岩和胶州碱性玄武岩之间的位置。

表5-2 胶州、诸城玄武岩主量元素化合物含量和CIPW标准矿物含量及Mg#值

采样地		胶州大西庄				诸城		
样号		JZ-1	JZ-2	JZ-3	JZ-4	ZC-1	ZC-3	ZC-4
主量元素化合物含量/%	SiO_2	44.61	44.61	44.46	44.28	49.43	49.05	50.16
	TiO_2	2.61	2.64	2.60	2.59	1.58	1.59	1.48
	Al_2O_3	13.79	13.80	13.88	13.83	14.16	14.90	14.36
	$Fe_2O_3^T$	13.64	13.72	13.59	13.51	12.46	12.29	12.43
	MnO	0.18	0.19	0.19	0.19	0.13	0.16	0.13
	MgO	9.12	9.07	9.01	8.93	7.09	7.15	7.03
	CaO	9.16	9.20	9.10	9.07	9.11	9.13	9.07
	Na_2O	3.97	3.97	4.12	4.65	2.71	2.95	2.67
	K_2O	1.56	1.55	1.69	1.67	0.32	0.23	0.20
	P_2O_5	0.62	0.63	0.62	0.63	0.16	0.16	0.15
CIPW标准矿物含量/%	Q	0.0	0.0	0.0	0.0	3.0	1.2	4.3
	An	15.4	15.5	14.5	12.1	26.4	27.6	27.4
	Ab	16.7	16.7	15.3	13.9	23.8	25.7	23.3
	Or	9.4	9.3	10.1	10.0	1.9	1.4	1.2
	Ne	9.4	9.4	10.9	14.1	0.0	0.0	0.0
	Di	21.2	21.2	21.7	23.4	15.6	14.6	14.5
	Hy	0.0	0.0	0.0	0.0	19.6	20.0	20.0
	Ol	14.2	14.1	13.7	12.7	0.0	0.0	0.0
	Il	5.0	5.1	5.0	5.0	3.1	3.1	2.9
	Mt	7.3	7.3	7.4	7.5	6.1	6.1	6.1
	Ap	1.5	1.5	1.5	1.5	0.4	0.4	0.4
Mg#值		60.9	60.7	60.7	60.6	57.0	57.6	56.8

表 5-3　胶州、诸城玄武岩微量元素含量及特征比值

采样地		胶州大西庄				诸城		
样号		JZ-1	JZ-2	JZ-3	JZ-4	ZC-1	ZC-3	ZC-4
含量/$\times 10^{-6}$	Sc	21.1	22.1	22.9	22.3	24.9	24.5	24.1
	Ti	14 544	15 679	15 301	15 130	9 246	9 269	8 796
	V	221.1	243.9	253.4	225.8	168.3	173.7	161.8
	Cr	167.7	192.4	174.8	166.0	205.2	226.0	210.5
	Mn	1 437	1 518	1 461	1 440	1 068	1 302	1 101
	Co	70.2	63.3	62.8	62.5	50.6	51.6	56.3
	Ni	182	191	182	181	167	172	160
	Cu	62.7	63.0	54.4	58.0	76.8	86.1	65.5
	Zn	120	123	117	114	118	101	100
	Ga	20.9	21.4	20.7	20.8	17.1	17.1	17.4
	Ge	1.18	1.41	1.38	1.17	0.99	0.99	1.14
	Rb	20.8	19.6	21.5	19.5	1.8	1.4	2.4
	Sr	837	950	821	903	343	354	288
	Y	24.7	25.6	23.4	24.0	16.8	16.4	17.8
	Zr	274.4	288.1	275.8	280.5	88.73	90.45	90.23
	Nb	56.20	56.92	55.52	57.59	8.22	8.49	7.80
	Ba	450	441	455	458	177	156	132
	La	38.73	38.59	40.04	40.27	8.01	7.89	8.45
	Ce	76.69	76.00	78.97	78.99	17.99	17.91	18.63
	Pr	9.307	9.207	9.610	9.487	2.455	2.329	2.441
	Nd	37.72	35.47	37.67	38.38	11.44	10.81	11.16
	Sm	7.40	7.07	7.40	7.67	3.40	3.25	3.21
	Eu	2.35	2.23	2.35	2.43	1.28	1.24	1.20
	Gd	6.53	6.49	6.59	6.94	3.78	3.79	3.68
	Tb	1.01	1.04	1.03	1.05	0.67	0.64	0.62
	Dy	5.30	5.40	5.50	5.49	3.98	3.75	3.72
	Ho	0.96	0.99	0.96	0.99	0.79	0.74	0.77
	Er	2.38	2.37	2.39	2.43	2.01	1.92	2.01
	Tm	0.31	0.31	0.32	0.33	0.26	0.26	0.27
	Yb	1.92	1.86	1.97	1.91	1.61	1.55	1.69
	Lu	0.28	0.27	0.28	0.27	0.23	0.23	0.24
	Hf	5.63	5.39	5.56	5.68	2.46	2.48	2.51
	Ta	3.95	3.96	4.01	4.02	0.50	0.52	0.49
	Pb	2.95	3.47	3.26	3.49	0.75	0.27	0.08
	Th	4.61	4.83	4.89	5.06	0.81	0.89	1.08

表 5-3(续)

采样地		胶州大西庄				诸城		
样号		JZ-1	JZ-2	JZ-3	JZ-4	ZC-1	ZC-3	ZC-4
含量/$\times10^{-6}$	U	1.27	1.33	1.36	1.44	0.19	0.26	0.27
	稀土元素	190.9	187.3	195.1	196.6	57.9	56.3	58.1
特征比值	La/Yb	20.19	20.8	20.34	21.09	4.97	5.10	4.99
	Nb/La	1.45	1.47	1.39	1.43	1.03	1.08	0.92
	Nb/U	44.2	42.8	41.0	40.0	42.6	33.3	29.5

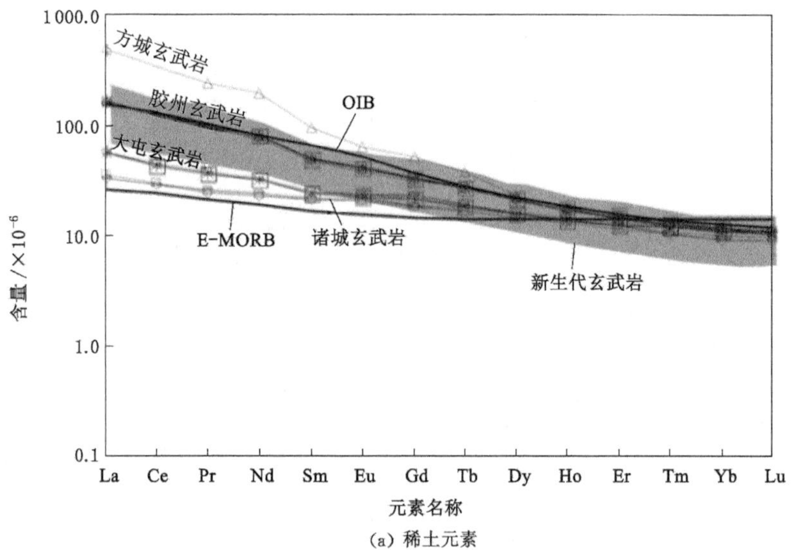

(a) 稀土元素

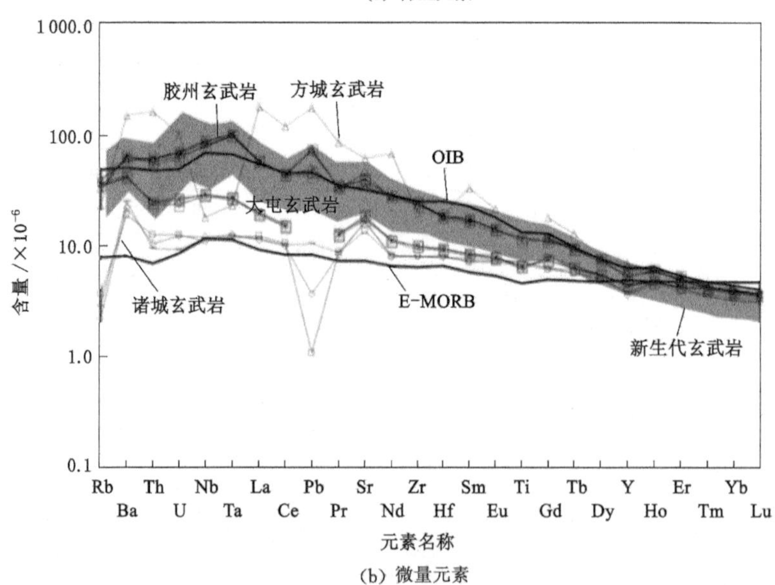

(b) 微量元素

OIB—洋岛玄武岩;E-MORB—富集洋中脊玄武岩。

图 5-5 稀土元素和微量元素标准化配分模式图

诸城拉斑玄武岩在 MgO 含量相对较低的情况下具有比胶州玄武岩高的或相当的相容元素含量特征，基本与大屯拉斑玄武岩的相容元素含量相当或更高，如图 5-6 所示。

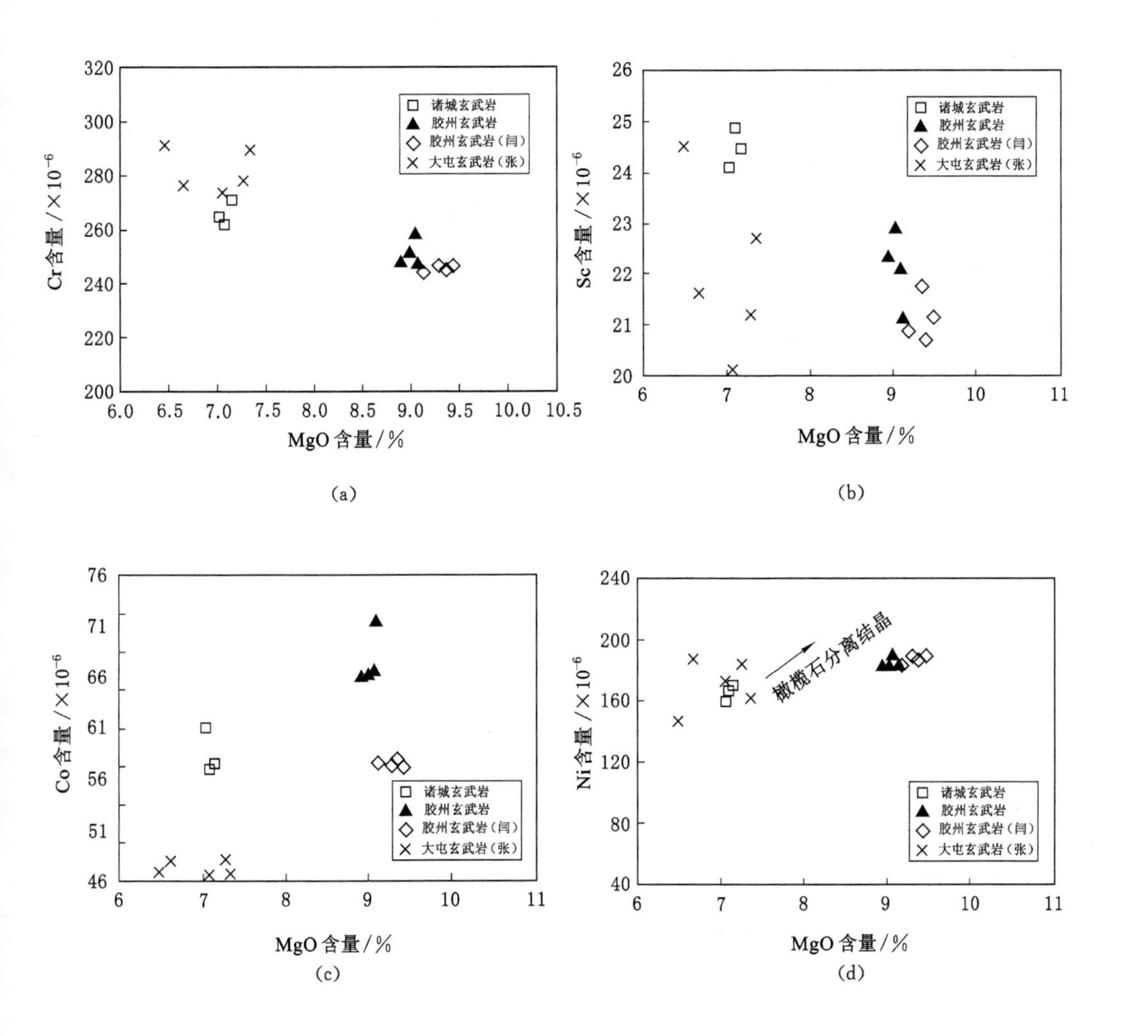

图 5-6 相容元素 Cr 含量、Sc 含量、Co 含量、Ni 含量与 MgO 含量之间的关系

三、Sr-Nd 同位素特征

胶州、诸城玄武岩 Sr-Nd 同位素分析数据见表 5-4。由该表可知，诸城拉斑玄武岩的 $^{87}Sr/^{86}Sr$ 为 0.705 848 和 0.705 863，$^{143}Nd/^{144}Nd$ 为 0.512 647、0.512 657，相应的 $\varepsilon_{Nd}(t)$ 值为 0.34 和 0.57。值得注意的是，胶州碱性玄武岩的 $^{87}Sr/^{86}Sr$ 为 0.704 093，$^{143}Nd/^{144}Nd$ 为 0.512 897，相应的 $\varepsilon_{Nd}(t)$ 值为 5.58～5.75。各玄武岩 $\varepsilon_{Nd}(t)$ 与其 $(^{87}Sr/^{86}Sr)_t$ 之间的关系如图 5-7 所示。

表 5-4　胶州、诸城玄武岩 Sr-Nd 同位素分析数据

采样地		胶州大西庄		诸城	
样号		JZ-2	JZ-4	ZC-1	ZC-3
年龄 T/Ma		73	73	96	96
微量元素含量 /$\times 10^{-6}$	Nd	35.470	38.380	11.440	10.810
	Sm	7.074	7.670	3.395	3.252
	Sr	949.600		342.900	354.300
	Rb	19.560		1.828	1.411
同位素含量比值	$^{147}Sm/^{144}Nd$	0.121 383	0.121 631	0.180 621	0.183 096
	$^{87}Rb/^{86}Sr$	0.059 645	0.015 437	0.011 532	
	$^{143}Nd/^{144}Nd$	0.512 897	0.512 888	0.512 657	0.512 647
	$^{87}Sr/^{86}Sr$	0.704 093		0.705 863	0.705 848
岩浆源区特征参数	$(^{143}Nd/^{144}Nd)_t$	0.512 839	0.512 830	0.512 543	0.512 531
	$(^{87}Sr/^{86}Sr)_t$	0.704 031		0.705 842	0.705 832
	$\varepsilon_{Nd}(t)$	5.75	5.58	0.57	0.34

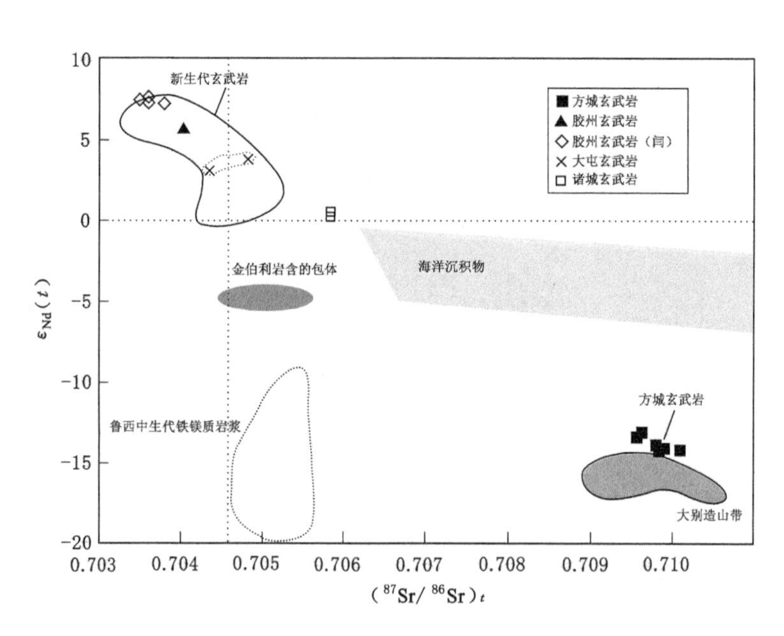

图 5-7　各玄武岩 $\varepsilon_{Nd}(t)$ 与其$(^{87}Sr/^{86}Sr)_t$ 之间的关系

第三节　胶莱盆地年龄 96～73 Ma 基性火山岩成因及演化分析

一、玄武岩的成因

到目前为止，诸城拉斑玄武岩是中国东部喷发时间最早的、$\varepsilon_{Nd}(t)$为正值的拉斑玄武岩。在下面的讨论中，我们将剖析诸城玄武岩、拉斑玄武岩和胶州玄武岩成分差异究竟是结晶分异、地壳混染作用造成的，还是源区特征差异造成的。

诸城玄武岩的 Mg#值相对较小，暗示存在结晶分异作用。由图 5-6(a)、(d)可知，诸城玄武岩的 Cr 含量和 Ni 含量均与其 MgO 含量呈正相关关系，其 CaO/Al_2O_3 与 CaO 含量也呈正相关关系，如图 5-8(b)所示，这说明橄榄石和辉石为主要的分离结晶矿物。在蛛网图上，诸城玄武岩缺乏 Sr、Eu 的负异常，因此，长石不是主要的分离结晶矿物。

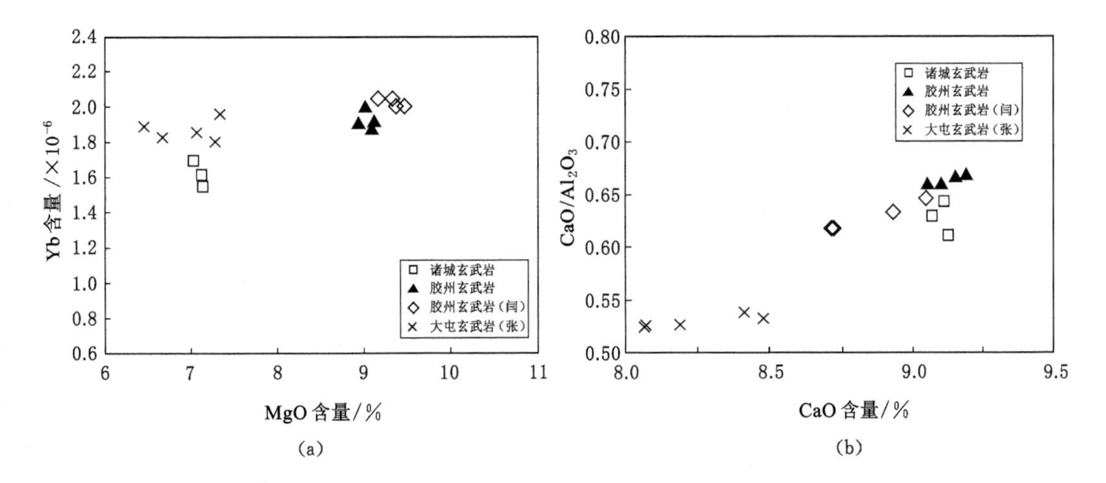

图 5-8　Yb 含量与 MgO 含量之间的关系及 CaO 含量与 CaO/Al_2O_3 之间的关系

碱性玄武岩和拉斑玄武岩也有不同的 Sr-Nd 同位素组成，因此，碱性玄武岩和拉斑玄武岩之间不可能是简单的分离结晶关系。虽然 Nb/La 与 SiO_2 含量呈线性负相关关系(图 5-9)，与地壳混染趋势一致，但诸城拉斑玄武岩具有明显的 Pb 负异常，说明地壳混染并不显著。事实上，$\varepsilon_{Nd}(t)$与 Sm/Nd 呈线性负相关关系，也是与地壳混染趋势相反，而且地壳混染会大大提高岩石中 LILE 的含量，但诸城拉斑玄武岩具有类似 E-MORB 的微量元素配分模式。由此可认为诸城拉斑玄武岩的性质反映了岩浆源区的特征。

二、岩浆源区特征

(1) 胶州玄武岩

由于 Nb 和 U 为不相容元素，二者的含量比值不受部分熔融和结晶分异作用的影响，因此该比值可以反映岩浆源区特征。研究表明，非富集地幔源区的 OIB 具有较为一致的 Nb/U，Nb/U 平均为 52±15。胶州玄武岩的 Nb/U(44.1～40.0)位于 OIB 的数值范围内，如图 5-10(b)所示，大于地壳的 Nb/U(8)。其 Ba/Nb 和 La/Nb 分别为 6.49～8.19 和0.63～0.72，接近或位于 OIB 的数值范围内，如图 5-10(a)所示；由图 5-10(c)、(d)可知，胶州玄武岩的相关数据也位于 OIB 的数值范围内。微量元素蛛网图中存在 Nb、Ta 的正异常，Sr、Nd 同位素含量比值位于 OIB 的数值范围内，以及较大的 $\varepsilon_{Nd}(t)$值都指示玄武岩是来自软流圈的特征，与闫峻等研究的结论一致。

(2) 诸城拉斑玄武岩

诸城拉斑玄武岩不存在 Nb、Ta 的负异常，其 Nb/U＝29.4～42.6，接近或位于 OIB 的数值范围内(图 5-10)，且 $\varepsilon_{Nd}(t)$大于 0，说明诸城拉斑玄武岩也主要来源于软流圈。但它具

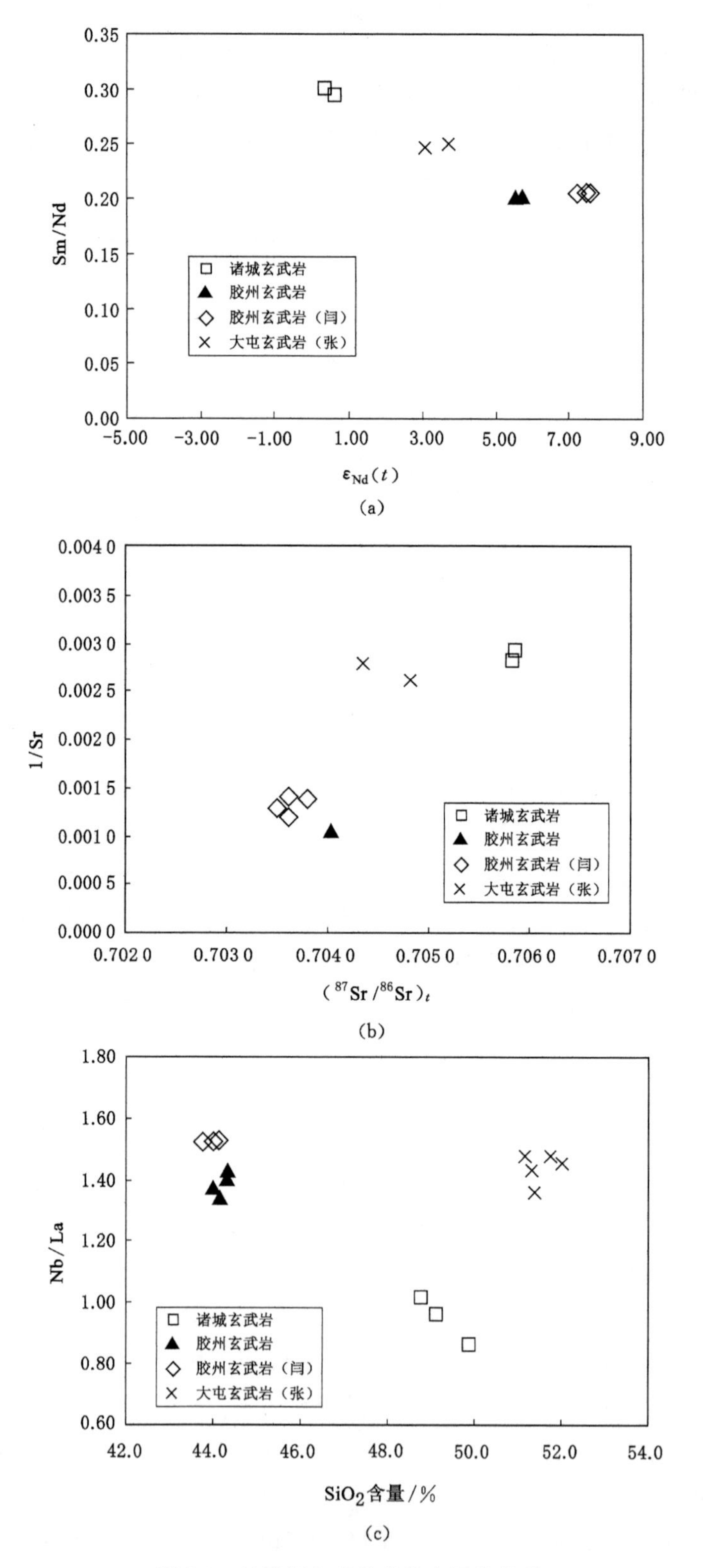

图 5-9　地壳混染相关参数之间的关系

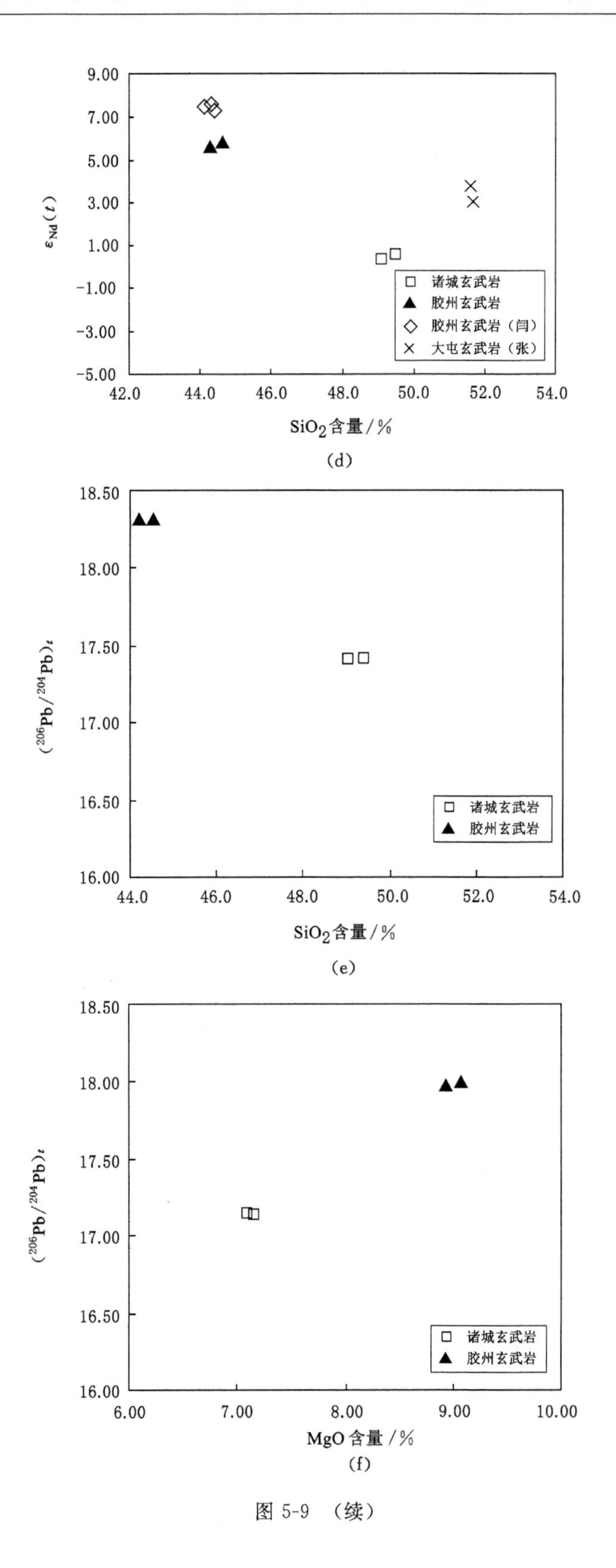
9.00
7.00
5.00
3.00
1.00
-1.00
-3.00
-5.00
$\varepsilon_{Nd}(t)$
42.0
44.0
46.0
48.0
50.0
52.0
54.0
SiO_2含量/%
诸城玄武岩
胶州玄武岩
胶州玄武岩（闫）
大屯玄武岩（张）
(d)
18.50
18.00
17.50
17.00
16.50
16.00
$(^{206}Pb/^{204}Pb)_t$
44.0
46.0
48.0
50.0
52.0
54.0
SiO_2含量/%
诸城玄武岩
胶州玄武岩
(e)
18.50
18.00
17.50
17.00
16.50
16.00
$(^{206}Pb/^{204}Pb)_t$
6.00
7.00
8.00
9.00
10.00
MgO 含量/%
诸城玄武岩
胶州玄武岩
(f)

图 5-9　（续）

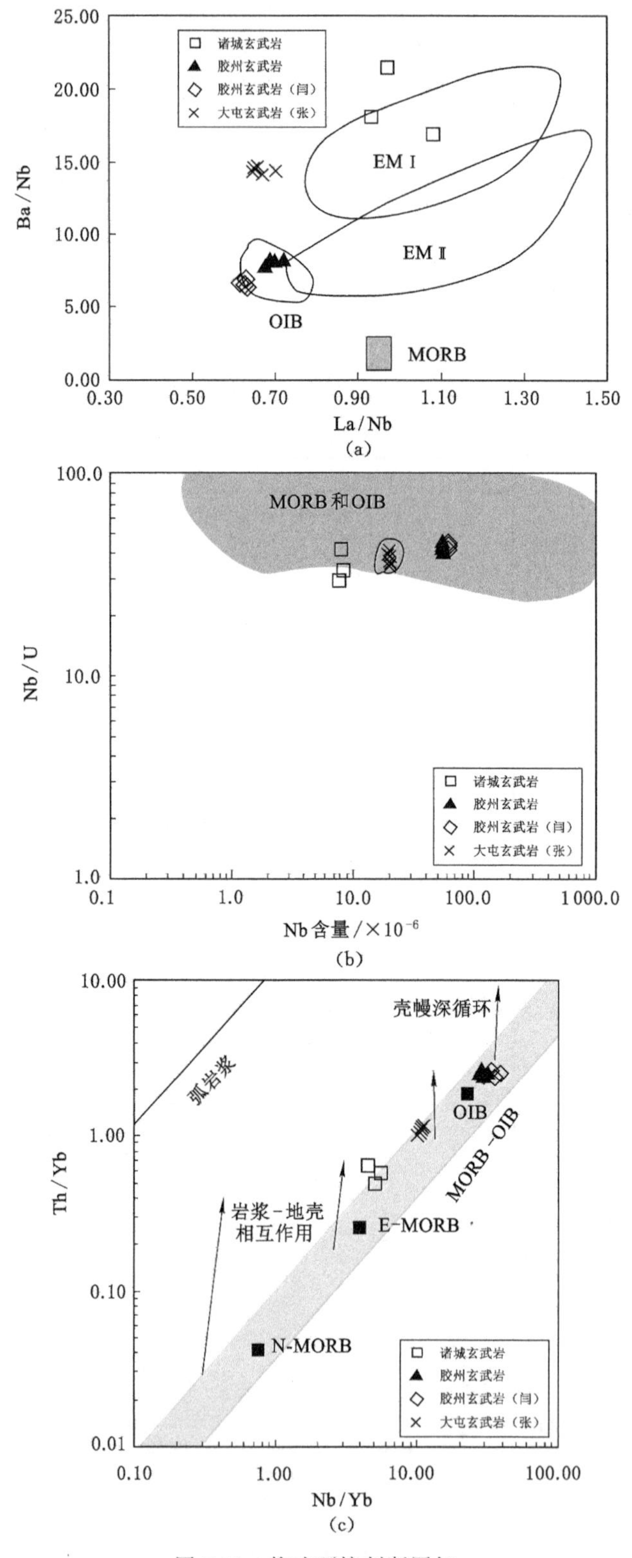

图 5-10　构造环境判断图解

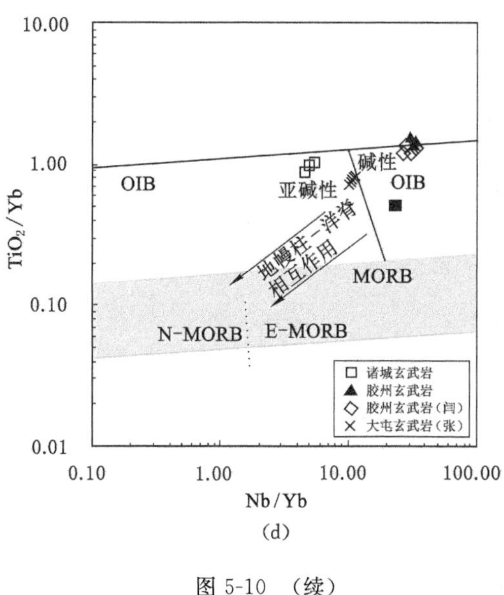

(d)

图 5-10 (续)

有较大的 Zr/Nb(11.6～10.7)、Ba/Th(175.8～218.7)、Ba/Nb(21.5～16.9)、Nb/La(0.89～1.03)和同位素含量比值,显示了 EM Ⅰ的特征(图 5-11)。这暗示除软流圈之外,还有其他组分参与了拉斑玄武岩的形成。根据前文所述,排除了地壳混染的可能性,因此岩石圈地幔是最有可能的。这是因为,在大陆玄武质岩浆作用的过程中,岩石圈不仅对上涌软流圈起到机械阻挡作用(即岩石圈盖效应),还可能会直接参与岩浆作用。许多证据显示,岩石圈地幔以熔体-地幔岩相互反应的形式参与了玄武质岩浆的形成,使来源于软流圈的玄武岩具有“岩石圈”的特征。

本章相关数据表明,华北具有富集岩石圈地幔特征的岩浆在岩浆间歇期前是连续喷发的,具有古老富集特征的岩石圈地幔不是在一个短时突发事件后减薄,也就是说具有富集地幔岩浆源区端源不会在很短的时间内消失,符合“热-机械侵蚀机制”模型的预测结论。研究表明,诸城玄武岩喷发前的青山群火山岩基本是连续喷发的,且基性岩浆的源区特征都是富集岩石圈地幔的特征,未发现有大的岩浆喷发间断。山东地区的岩浆喷发序列的特征也说明在诸城玄武岩喷发时,古老的富集地幔是存在的,因此,在具有明显软流圈特征的诸城玄武岩喷发时必然受到古老富集地幔的影响。

由此笔者认为,诸城拉斑玄武岩可能是来自软流圈的玄武质岩浆与上覆富集地幔橄榄岩之间相互反应的产物,反应过程中单斜辉石和橄榄石的溶解造成了大屯拉斑玄武岩 Ni 含量、Cr 含量、Sc 含量较高的特征以及 CaO 含量的提高。富集组分的参与使得熔体具有较大的 Rb/Nb、Ba/Th和 Ba/Nb 等古老富集岩石圈的特征,以及较大的$(^{87}Sr/^{86}Sr)_i$和较小的 $\varepsilon_{Nd}(t)$,这与大屯拉斑玄武岩的研究结果基本一致。同时,诸城拉斑玄武岩样品的 Pb 同位素特征值基本位于具有软流圈源区特征的胶州玄武岩和具有古老富集岩石圈特征的青山群基性岩浆之间,此特点也证明了诸城拉斑玄武岩的富集组分来自古老的富集岩石圈地幔。这种熔体和地幔岩的相互反应同样在其他中生代玄武岩中可观察到,例如方城玄武岩。

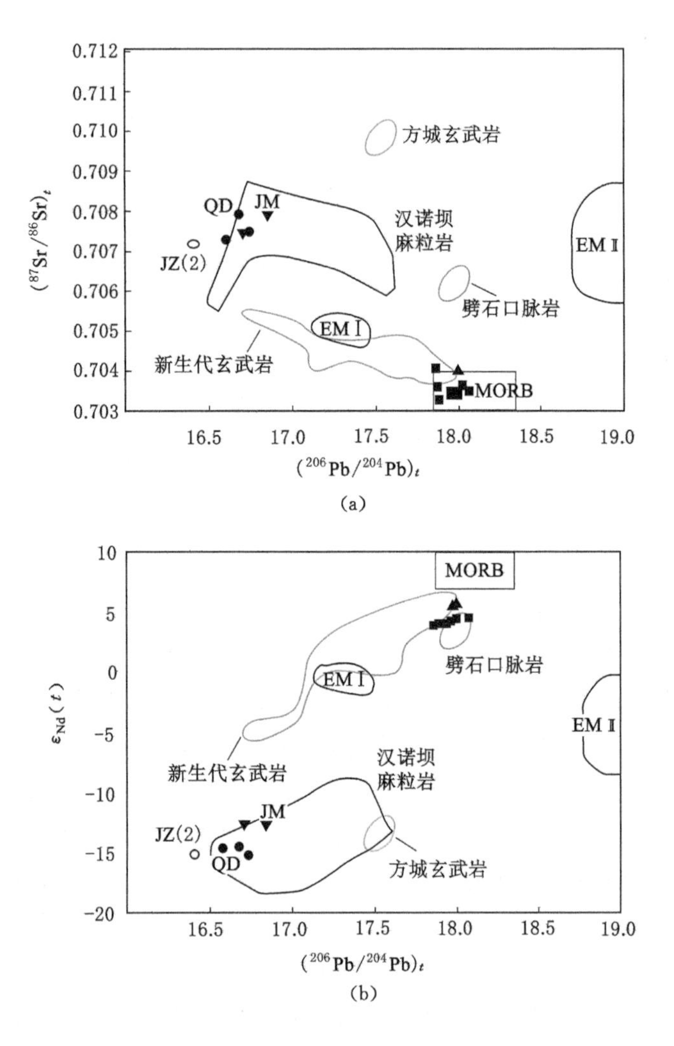

图 5-11　$(^{87}Sr/^{86}Sr)t$、$\varepsilon_{Nd}(t)$与$(^{206}Pb/^{204}Pb)_t$之间的变化关系

三、华北基性岩浆随时间、空间的演化

如图 5-12 所示，华北东部中生代中基性岩浆随时间的演化可概括为 3 个阶段（包括相对岩浆间歇期），从距今 100 Ma 左右，基性岩浆的 $\varepsilon_{Nd}(t)$值有向正值演化的趋势。目前，辽宁的阜新地区（碱锅）和山东的青岛地区（大西庄、劈石口）出现了具有软流圈特征的玄武岩，其岩石年龄分别为 100 Ma 和 82～73 Ma。据此，现在普遍认为华北岩石圈减薄在时间上华北北部早于华北南部（胶东地区）。这项研究已经取得的成果有以下两个方面：

（1）华北南部（胶东地区）的诸城拉斑玄武岩年龄为 96 Ma，这就说明华北南部（胶东地区）和华北北部是近似同时演化的，更为有意思的是华北南部（胶东地区）最早出现的拉斑玄武岩，即诸城玄武岩年龄为 96 Ma，和位于临近华北北部外边缘的吉林大屯拉斑玄武岩的年龄也较为接近（图 5-13）。

（2）诸城拉斑玄武岩和大屯拉斑玄武岩具有比主要源区为软流圈的胶州碱性玄武岩较

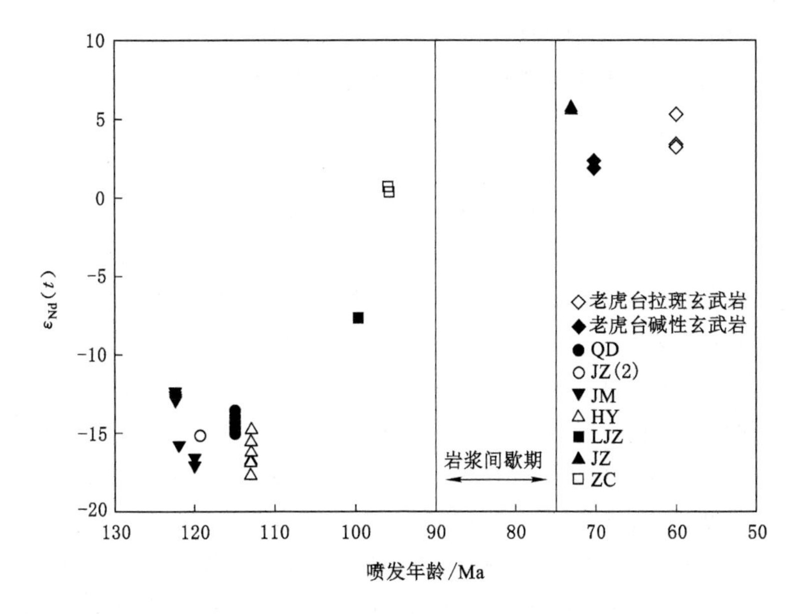

图 5-12 华北基性岩浆源区特征参数 $\varepsilon_{Nd}(t)$ 与基性岩浆喷发年龄的关系

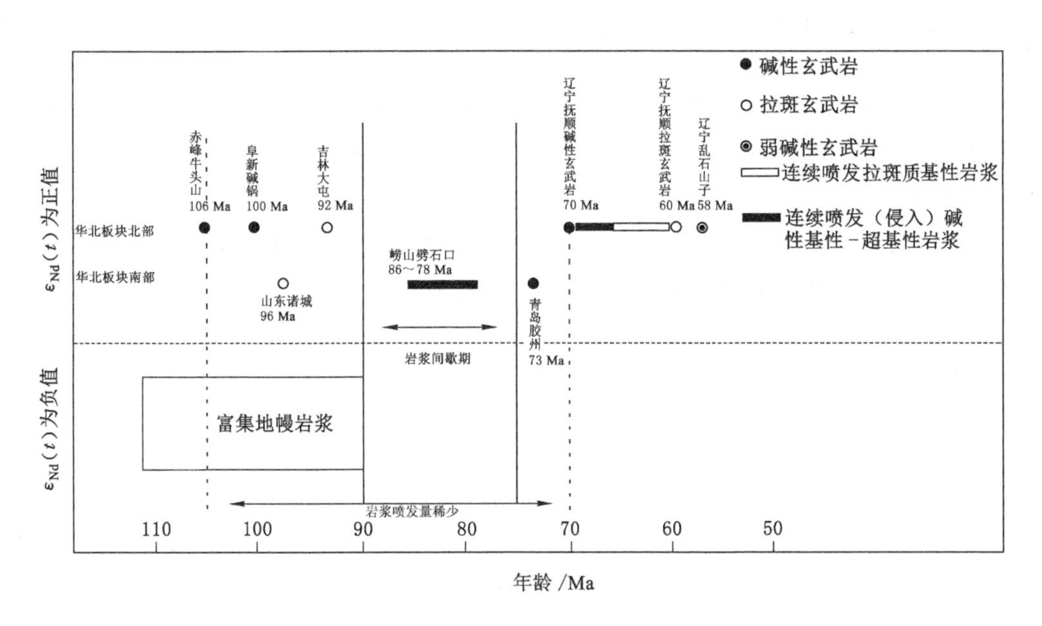

图 5-13 华北南部(胶东地区)和北部具有软流圈特征的玄武岩年代对比

大的$(^{87}Sr/^{86}Sr)_i$，以及较小 $\varepsilon_{Nd}(t)$ 的特征，特别是它们具有比胶州碱性玄武岩高的 Ni 含量、Cr 含量、Co 含量、Sc 含量。岩石成因分析表明，这些特征与岩浆源区主要为软流圈和有残余的富集岩石圈地幔有关。

诸城玄武岩的发现也纠正了之前的华北地区具有软流圈性质的岩浆和有富集地幔特征的岩浆在岩浆间歇期截然分开的认识。根据胶莱盆地构造演化和山东地区岩浆岩的年代学特征，诸城玄武岩是青山群基性火山岩的一部分，说明华北基性岩浆的源区地幔性质不是突变的，而是有过渡期的，具有软流圈特征的岩浆在过渡期具有明显岩石圈的印记。

这是否暗示华北岩石圈减薄机制用机械-热侵蚀机制解释比较合理呢？有待进一步研究。

第四节 小　结

(1) 诸城拉斑玄武岩通过 Ar-Ar 阶段加热法测年揭示其喷发年龄为 96 Ma。

(2) 诸城拉斑玄武岩的 $\varepsilon_{Nd}(t)$ 小于胶州碱性玄武岩，特别是诸城拉斑玄武岩具有比胶州碱性玄武岩高的 Ni 含量、Cr 含量、Co 含量、Sc 含量，这与大屯拉斑玄武岩的特征相似。岩石成因分析表明，这些特征与岩浆源区可能为软流圈和有残余富集岩石圈地幔有关。

(3) 根据岩石圈盖效应和熔融柱理论估算结果，以及对华北东部岩石圈具有软流圈特征玄武岩的研究可知，具有软流圈特征的岩浆在时间和空间(以辽宁地区为代表的华北北部地区和以胶东地区为代表的华北南部地区)上的不均一性没有原来认为的那么大，同时虽然诸城玄武岩喷发年龄是 96 Ma，晚于华北北部地区(辽宁阜新和内蒙古赤峰)发育的具有软流圈特征的碱性岩浆，但是胶东地区出现的诸城玄武岩是以高度部分熔融为特点的拉斑质玄武岩。按照相关研究成果和机械-热侵蚀机制的预测，在一个地区最先出现具有软流圈特征的岩浆应该是碱性比较高的岩浆，据此可认为在华北地区南部应该有具有软流圈特征的碱性岩浆没有被发现，但诸城拉斑玄武岩与华北北部边缘最早发育的吉林大屯拉斑质玄武岩年龄已经很接近，是否可以认为华北东部岩石圈的演化在时空上基本是均一的？这有待进一步研究。

(4) 诸城玄武岩的发现也纠正了华北地区具有软流圈性质的岩浆和有富集地幔特征的岩浆在岩浆间歇期截然分开的认识，说明机械-热侵蚀机制的合理性。

第六章　大兴安岭北段根河地区地质特征和洋岛玄武岩的成因及意义

晚古生代早石炭世红水泉组和莫尔根河组地层主要分布在额尔古纳地块南缘与松嫩地块所挟持的巨大活动带内(图 6-1),这一地区晚古生代的地质面貌是以海相陆源碎屑沉积为主的地层。其中早石炭世地层为一套细碎屑岩及海相中性岩石与基性岩石的组合,前人将其归并为下石炭统莫尔根河组地层,20 世纪 80～90 年代进行的 1∶20 万区域地质调查工作将它们划分为滨海-浅海的沉积物以及陆缘裂谷-岛弧的喷发物。近几年在大兴安岭北段进行 1∶25 万额尔古纳左旗区域地质调查工作时,通过详细的野外地质调查和系统的岩石地球化学研究发现,这套岩石组合具有特殊的地球化学属性和成因背景,海相基性系列岩石形成的构造环境为大洋板内地幔柱成因的洋岛环境,从而在这一地区首次证明了早石炭世夏威夷型洋岛玄武岩的存在。

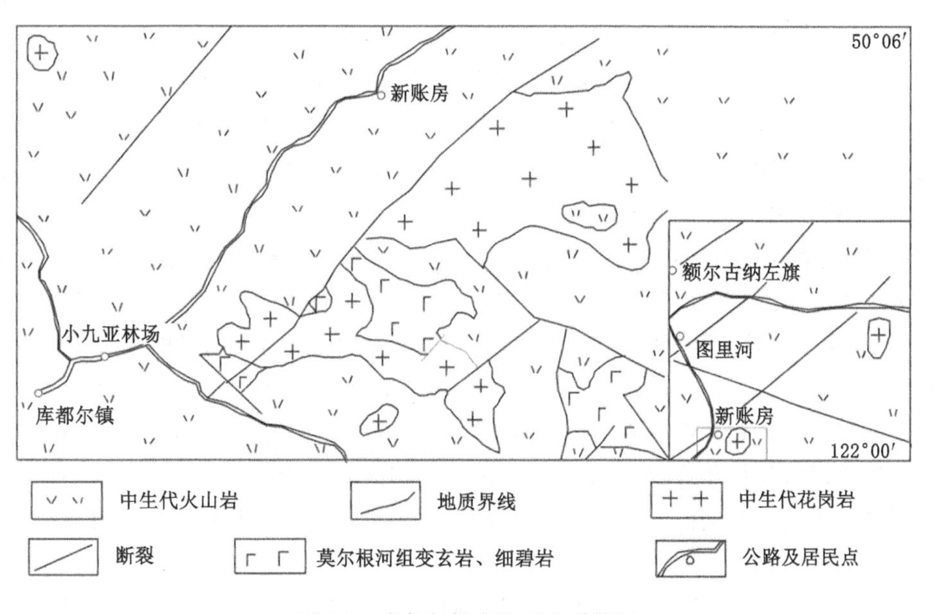

图 6-1　库都尔镇东地区地质简图

第一节　晚古生代早石炭世红水泉组地层学特征

红水泉组地层零星分布于大兴安岭北段根河地区图里河镇成本沟西山和岭北车站一带,出露面积约 11.8 km²,占测量面积的 0.1%,主要岩石类型有细粒石英砂岩、(泥)灰岩、钙(铁)质泥岩、硅质胶结泥质粉砂岩、中细粒岩屑砂岩及少量的含砾细粒杂砂岩等。特殊岩石类型为一套火山岩夹层,主要为沉凝灰岩、晶屑凝灰岩、玻屑凝灰岩、钙质胶结玻屑-晶屑凝灰岩。这些火山岩夹层的存在是盆地沉积时间歇性火山活动的产物。

一、红水泉组地层层序

图里河镇成本沟红水泉组地层 C_6ESP_{23-1} 剖面图如图 6-2 所示。由图可知,区内红水泉组地层未见底,顶界于成本沟西山 C_6ESP_{23-1} 剖面被光华组潜火山岩侵入,基本层序类型主要为由细碎岩组成的向上变细的基本层序,其中下部层序为细粒石英砂岩、泥质粉砂岩,上部层序为泥灰岩、灰岩水体变深的基本层序和少量互层韵律型基本层序。红水泉组地层沉积环境为滨浅海。

区内测制剖面有 4 条,累计厚度大于 1 047.76 m。受后期构造及火山作用的影响,地层产状变化较大,西侧地质体产状倾向北及北东,倾角 5°～22°;东侧地质体地层产状倾向北北东及南西,倾角 21°～53°。下部层序和上部层序的特点如下:

(一) 下部层序

下部层序分布在图里河镇成本沟西山 C_6ESP_{23} 和 C_6ESP_{23-1} 剖面上,区内未见完整露头。

由图 6-2 可知,C_6ESP_{23-1} 剖面控制地层厚度大于 185.1 m。地层产状倾向北北东,倾角为 15°左右。剖面主要发育 2 个基本层序类型:一个是向上变细型基本层序,其是海平面升高形成的;另一个是向上总体变粗的基本层序,它反映海水水位的下降。C_6ESP_{23-1} 剖面有 4 个火山岩夹层,分别为细火山灰凝灰岩⑤和⑦、晶屑凝灰岩⑧、玻屑凝灰岩⑫。这些火山岩夹层的存在说明本区沉积岩形成时的沉积环境为一个不稳定的沉积环境,海水动荡,火山活动频繁,与基本层序特征基本一致,而且基本层序类型简单,不同于河流及三角洲沉积环境,剖面未见动、植物化石,如图 6-3 所示。

C_6ESP_{23} 剖面构造简单,主要为块状层理,基本层序类型简单,仅有 3 个。剖面顶部被光华期流纹英安岩侵入,底部接 C_6ESP_{23-1} 剖面灰白色中细粒岩屑石英砂岩,如图 6-4 所示。

由图 6-4 可知,图里河镇成本沟红水泉组地层 C_6ESP_{23} 剖面控制厚度大于 186.78 m,岩层产状倾向北,倾角 5°～22°,可划分为 4 个基本层序,下部为总体向上变细的 2 个基本层序,底部为砂岩,不具有底部为砾岩向上变细的二元及多元结构,该层序类型属海进体系域;中部为粉砂质泥岩与粉砂岩组成的互韵律型基本层序;顶部为一向上变粗的基本层序,是海水水位下降的反应。此剖面有 3 个火山岩夹层,说明盆地沉积过程中火山活动频繁,盆地沉积环境不稳定。

综上所述,红水泉组地层下部为一套陆源碎屑的沉积岩组合,基本层序类型简单,从基本层序及组合特征看沉积环境应为滨浅海沉积环境。动、植物化石及残片未见,泥质粉砂岩及粉砂岩颜色偏浅,不具有还原环境的盆地沉积特征,因此很难保存化石,而陆相沉积岩植物化石一般比较发育,在一般条件下多见植物化石残片。结合之前的研究资料,本区红水泉组地层下部层序沉积环境与滨浅海沉积环境吻合。

(二) 上部层序

本研究区红水泉组地层上部层序主要见于岭北车站北向 C_6ESP_{035-1}、C_6ESP_{035-2} 山地工

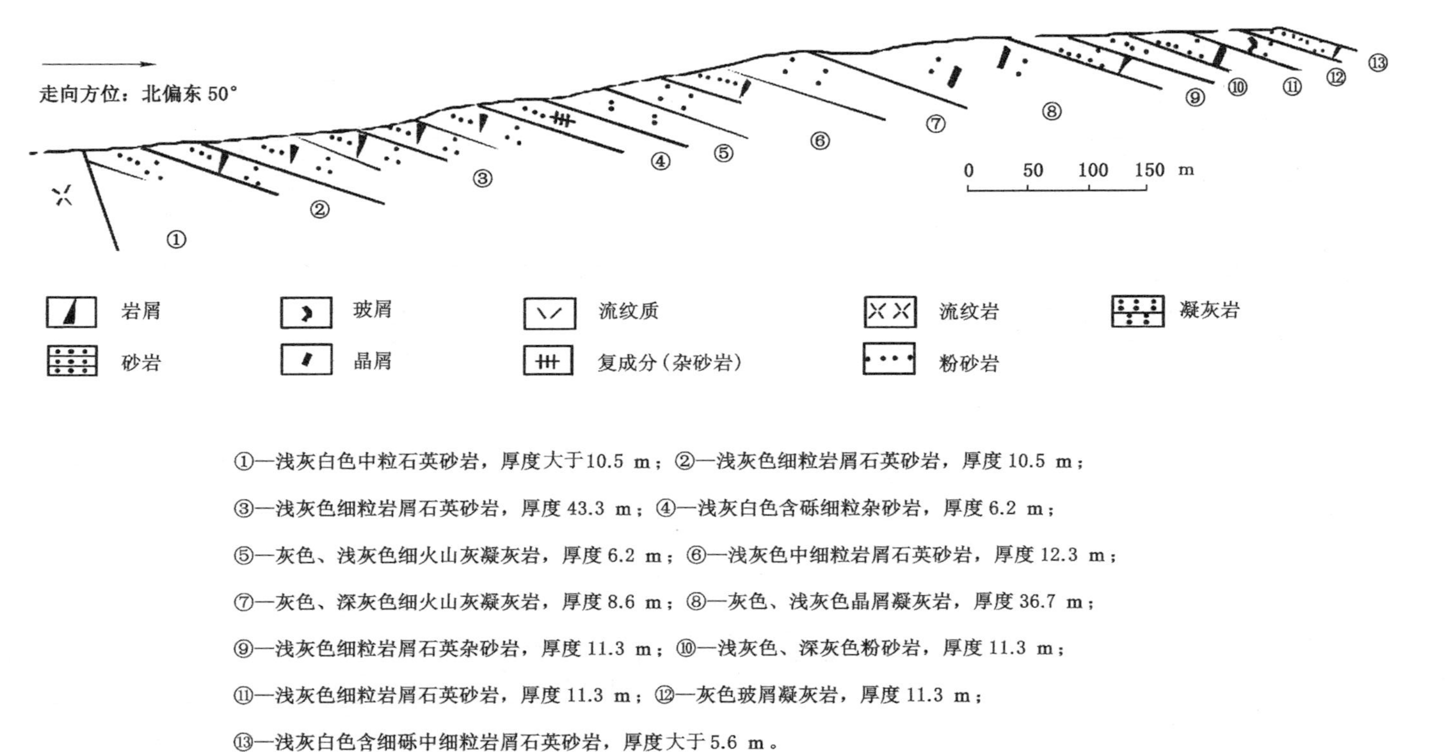

①—浅灰白色中粒石英砂岩，厚度大于10.5 m；②—浅灰色细粒岩屑石英砂岩，厚度 10.5 m；

③—浅灰色细粒岩屑石英砂岩，厚度 43.3 m；④—浅灰白色含砾细粒杂砂岩，厚度 6.2 m；

⑤—灰色、浅灰色细火山灰凝灰岩，厚度 6.2 m；⑥—浅灰色中细粒岩屑石英砂岩，厚度 12.3 m；

⑦—灰色、深灰色细火山灰凝灰岩，厚度 8.6 m；⑧—灰色、浅灰色晶屑凝灰岩，厚度 36.7 m；

⑨—浅灰色细粒岩屑石英杂砂岩，厚度 11.3 m；⑩—浅灰色、深灰色粉砂岩，厚度 11.3 m；

⑪—浅灰色细粒岩屑石英砂岩，厚度 11.3 m；⑫—灰色玻屑凝灰岩，厚度 11.3 m；

⑬—浅灰白色含细砾中细粒岩屑石英砂岩，厚度大于 5.6 m。

图 6-2　图里河镇成本沟红水泉组地层C_6ESP_{23-1}剖面图

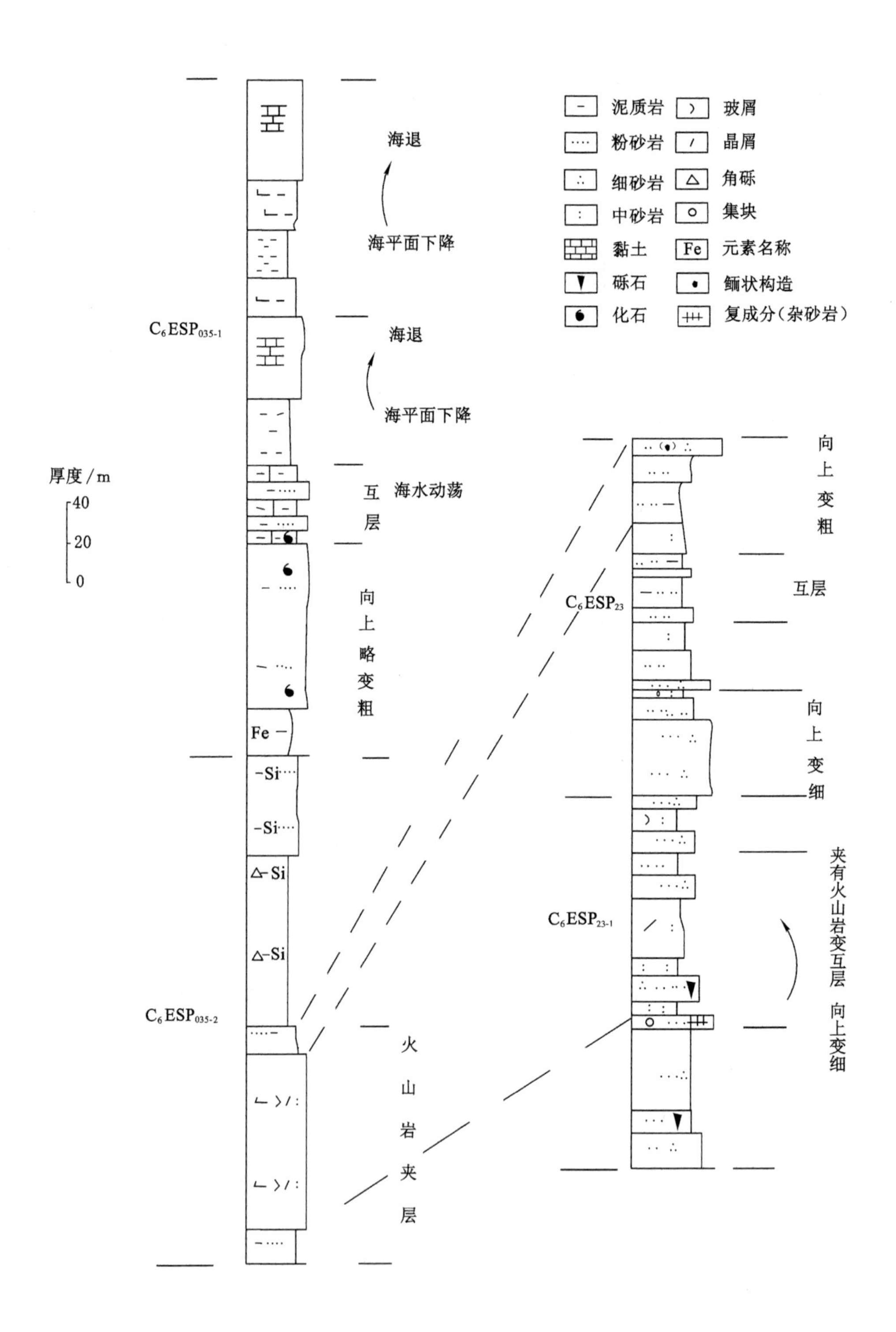

图 6-3　红水泉组地层柱状对比图

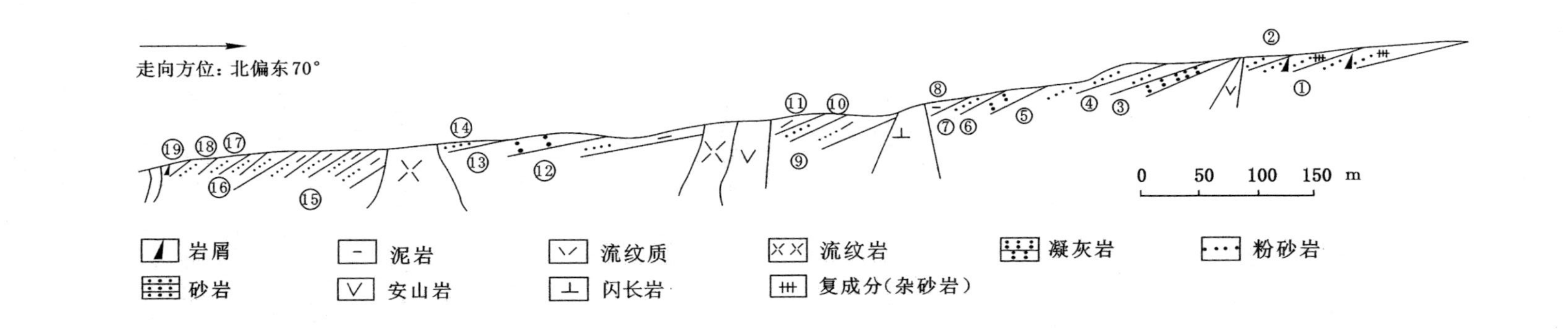

①—细粒岩屑石英杂砂岩，厚度大于37.96 m；②—灰色粉砂岩，厚度15.84 m；③—灰白色火山灰凝灰岩，厚度4.72 m；④—浅灰色细粒岩屑石英砂岩，厚度3.58 m；⑤—灰色粉砂岩，厚度15.94 m；⑥—浅灰白色火山灰凝灰岩，厚度14.07 m；⑦—灰色粉砂岩，厚度7.04 m；⑧—灰黑色粉砂质泥岩，厚度6.99 m；⑨—灰黑色粉砂质泥岩，厚度8.93 m；⑩—灰色含粉砂细粒岩屑长石砂岩，厚度3.62 m；⑪—灰色粉砂质泥岩，厚度3.64 m；⑫—灰黑色粉砂质泥岩，厚度4.36 m；⑬—灰色火山灰凝灰岩，厚度15.23 m；⑭—深灰色粉砂质泥岩，厚度10.16 m；⑮—灰色粉砂泥质岩，厚度11.02 m；⑯—灰色粉砂岩，厚度14.64 m；⑰—绿灰色粉砂岩，厚度2.56 m；⑱—暗灰色粉砂岩，厚度3.24 m；⑲—灰白色含砾中粒岩屑石英砂岩，厚度3.24 m。

图6-4　图里河镇成本沟红水泉组地层C_6ESP_{23}剖面图

程剖面。西尼气镇岭北车站北 2 km 处红水泉组地层 C_6ESP_{035-2} 剖面图如图 6-5 所示。西尼气镇岭北车站北东向 2.5 km 处红水泉组地层 C_6ESP_{035-1} 剖面图如图 6-6 所示。

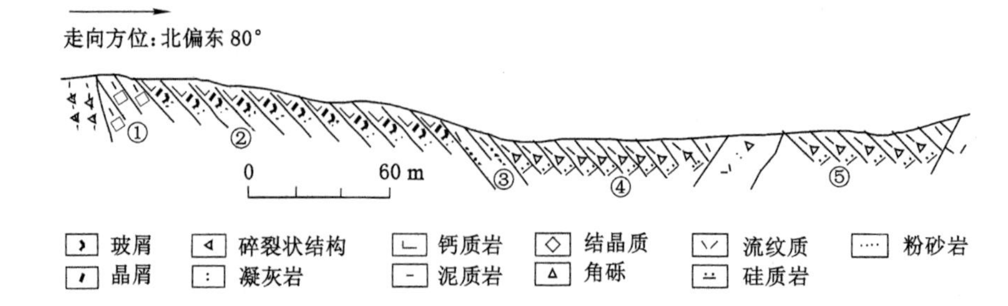

①—灰黑色含粉砂变泥质岩，厚度大于 16.81 m；②—灰色钙质晶屑玻屑凝灰岩，厚度 88.05 m；
③—灰黑色粉砂泥质板岩，厚度 14.00 m；④—黑灰色碎裂泥质硅质岩，厚度 76.00 m；
⑤—黑灰色碎裂泥质硅质岩，厚度大于 65.64 m。

图 6-5　西尼气镇岭北车站北 2 km 处红水泉组地层 C_6ESP_{035-2} 剖面图

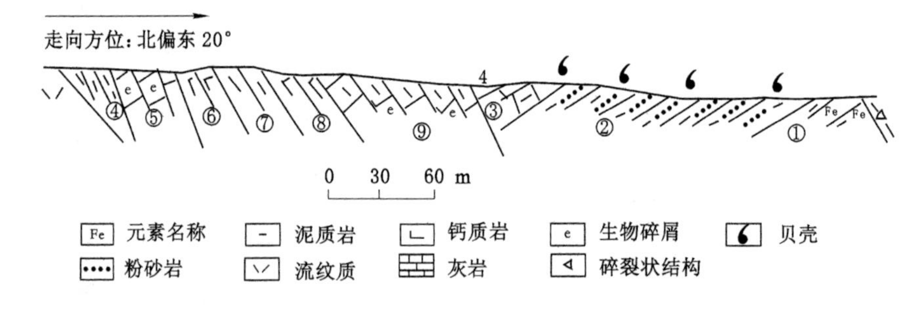

①—紫色褐铁矿染泥质岩，厚度大于 15.00 m；②—黑灰色变粉砂泥质岩，厚度 92.35 m；
③—黑灰色钙质泥质岩和暗灰色粉砂质泥岩互层，厚度大于 99.63 m；④—黑色、黑灰色变泥质岩，厚度大于 9.60 m；
⑤—暗灰色生物碎屑灰岩，厚度 67.20 m；⑥—黑灰色钙质泥灰岩，厚度 22.83 m；
⑦—黑灰色、黑色变泥质岩，厚度 35.55 m；⑧—黑灰色钙质泥岩，厚度 24.10 m；
⑨—黑灰色含生物碎屑泥灰岩夹钙质粉砂岩，厚度 49.12 m。

图 6-6　西尼气镇岭北车站北东向 2.5 km 处红水泉组地层 C_6ESP_{035-1} 剖面图

由图 6-5 可知，该剖面控制地层厚度大于 260.50 m，岩层产状为倾向 NEE，倾角为 46°左右。剖面共有 5 层，除 1 个火山碎屑岩夹层外，其他均为细碎屑岩，粒度均较小，水动力相对较弱，剖面下部火山碎屑岩发育，黑灰色碎裂泥质硅质岩中二氧化硅含量偏高，说明海水深度较大，但未见灰岩夹层，所以其沉积环境为接近滨海的浅海沉积环境。

由图 6-6 可知，该剖面控制厚度大于 415.38 m，可恢复一个大型宽缓褶皱，NE 翼岩层产状为倾向 NNW，倾角为 50°～68°，见 2 个断层；SW 翼岩层产状为倾向 SSW，倾角 21°～32°，主要见互层韵律型基本层序和向上变细的基本层序。剖面下部为泥质岩，顶部为灰岩的海进体系域。

红水泉组地层化石发育于该组地层上部层序中，在 C_6ESP_{035-1} 剖面上主要有腕足类化石、藻类化石、苔藓虫化石、放射虫化石、海百合化石等。其中，腕足类化石可鉴定的物质有褶戟贝、帅尔元贝、戴威逊贝、毕涉贝、裂线贝、疹石燕、管孔贝、扇房贝、假管贝、网格石燕贝、网格长身贝、腕孔贝、古洛托夫贝、纹线长身贝、波斯通贝、唱贝等，化石层位较集中，这种化石组合所处的环境为浅海沉积环境。由网格长身贝、纹线长身贝、网格石燕贝等生物化石组合代表的时代为早石炭世。经与区域岩石地层、黑龙江省岩石地层和内蒙古自治区岩石地层对比，将其厘定为红水泉组地层。

综上所述，本区红水泉组地层下部层序的沉积环境为滨浅海，上部沉积环境为浅海。并且下部层序有大量的火山岩夹层，说明本区红水泉组地层在沉积时海平面不断升高，地壳处于下降期，同时伴有频繁的火山活动，是一个不稳定的海相沉积环境。

二、红水泉组地层沉积岩岩石学特征

(一) 岩石类型及特征

1. 以陆源碎屑为主的沉积岩

(1) 细粒岩屑石英砂岩

细粒岩屑石英砂岩的新鲜面呈浅灰色，细粒砂状结构，块状构造。该石英砂岩内部为颗粒支撑，呈接触式-无胶结物式胶结。其组成成分中岩屑含量为10%～20%，石英含量为75%～90%，填隙物含量为1%～2%，偶见角砾。该岩石中砂屑粒度为0.12～0.90 mm，分选度为中等至好，磨圆度中等；石英呈次棱角状至次圆状，个别可观察到微弱波状消光；岩屑呈次棱角状至次圆状，成分为硅质岩、(变)酸性熔岩、泥质岩；胶结物为少量白云母或黏土矿物鳞片。

(2) 含粉砂细粒岩屑长石砂岩

该长石砂岩为含粉砂质细粒砂状构造，块状结构。该岩石中砂屑以钾长石(条纹长石)为主，呈次棱角状至次圆状，粒度为0.01～0.5 mm，个别可达1 mm，含量90%。岩屑呈次棱角状至次圆状，粒度为0.01～0.5 mm，含量10%，成分为粗安岩、玄武粗安岩。岩石已碎裂，裂纹较发育，见褐铁矿染，结构多已被破坏。

(3) 细粒石英砂岩

细粒石英砂岩呈浅灰色，细粒砂状结构，致密块状构造，颗粒支撑，接触式-无胶结物式胶结。该岩石中砂屑成分主要为石英，含量大于95%，呈次圆状至次棱角状，粒度为0.1～0.5 mm，岩石见少量岩屑(含量小于2%)和填隙物(含量为2%～3%)。岩石见褐铁矿染。

(4) 细粒岩屑石英杂砂岩

该砂岩呈浅灰色，细粒砂状结构，块状构造，杂基支撑，基底式胶结。岩石由白云母(含量为2%)、岩屑(含量为5%)、石英(含量为73%)和杂基(含量为20%)组成。该岩石中砂屑粒度为0.1～0.5 mm，呈次圆状至次棱角状，磨圆度中等，分选度一般；石英：呈棱角状至次棱角状；岩屑呈次棱角状至次圆状，成分为硅质岩、(变)酸性熔岩、泥质岩；填隙物(杂基)为少量白云母小片或黏土矿物鳞片。

(5) 粉砂岩

粉砂岩新鲜面呈灰色，粉砂状结构，致密块状构造。粉砂多呈次棱角状，少量呈次圆状，分选度较好，粒度为0.05～0.005 mm。该岩石中砂屑成分主要为石英、长石，具体含量不详。岩石见黄铁矿染，分布均匀。均匀分布的硫化物指示沉积环境为还原环境。

(6) 粉砂质泥岩

粉砂质泥岩呈深灰色,粉砂泥质结构,块状构造。岩石碎屑物以粒度小于 0.05 mm 的泥岩为主,含少量粉砂岩。岩石分选度较好,易碎,其他特征未见。

(7) 褐铁矿染泥质岩

褐铁矿染泥质岩呈紫红色,变余泥质结构,块状构造。该岩石粉砂级碎屑含量为 5%,主要由长石、石英组成;泥质粉屑含量为 65%,其中泥质矿物呈尘点状集合体,褐色土化较强,见绢云母鳞片;褐铁矿含量为 30%,呈质点状分布在岩石中,有时集中,形成红褐色集合体。褐铁矿可能是黄铁矿后期蚀变形成的。

2. 内碎屑沉积岩

(1) 苔藓虫亮晶灰岩

苔藓虫亮晶灰岩呈暗灰色,生物碎屑结构,块状构造。其组成成分中生物碎屑占 80%,胶结物占 15%,泥质占 5%。生物碎屑包括苔藓虫(群体动物,大部分被文石和少量方解石交代)、藻类(棒状单体占 5%)、十字形钙质骨针和棘皮动物。胶结物为细小亮晶方解石。泥质矿物为填隙物,充填在生物碎屑间隙中。

(2) 含生物碎屑泥灰岩

该岩石为含生物碎屑泥灰质结构,块状构造,由生物碎屑(含量为 30%)、微晶方角石(含量为 50%)和泥质矿物(含量为 20%)组成。其中,生物碎屑为苔藓虫、藻类。

3. 特殊类型岩石

红水泉组沉积地层内发育大量的火山岩夹层,其主要为火山碎屑岩类岩石,此类岩石类型简单,主要见以下两种:

(1) 凝灰岩

凝灰岩的新鲜面呈灰色,凝灰质结构,块状构造。其组成成分中晶屑为次棱角状至次圆状,主要为石英,粒度大小为 0.1~2 mm,含量为 3%;岩屑已黏土化,粒度大小为 0.1~0.2 mm,含量为 2%。

(2) 火山灰凝灰岩

火山灰凝灰岩呈灰至灰白色,凝灰质结构,层状构造。岩石主要成分为火山尘,未见碎屑。岩石易碎,呈碎块状,层理发育,为水体内沉积产物,岩石特征与沉积岩夹层特征吻合。

(二) 基本层序及水动力特征

本研究区红水泉组地层沉积岩的基本层序主要为总体向上变细型基本层序、互层韵律型基本层序、由陆源碎屑和内源碎屑组成的基本层序及少量向上变粗型基本层序。红水泉组地层共测制 4 条剖面,每条剖面最多可划出 3 个或 4 个基本层序类型,说明沉积环境变化不大,不具有动荡特征,与滨浅海至浅海沉积环境基本一致。

1. 互层韵律型基本层序

该类型基本层序在红水泉组地层下部和上部均有发育,但其单层特征略有不同。

(1) 由砂岩和泥质粉砂岩组成的互层韵律型基本层序

该类型基本层序见于红水泉组地层下部层序中。由 C_6ESP_{23} 剖面第 9~19 层基本层序(图 6-7)可知,该基本层序共见 4 个单层,粉砂岩单层偏薄,最小厚度不到 4 m,泥质粉砂岩单层偏厚，最大厚度大于 16 m，顶、底界未见冲刷特征，层理不发育。结合该组地层产出的海相动物化石可知，这类基本层序反映了其介质能量较低，沉积环境为海平面以下的滨浅海特征。

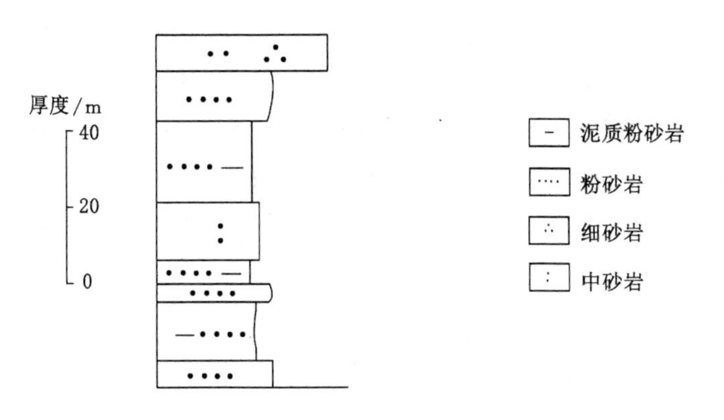

图 6-7　C_6ESP_{23} 剖面第 9～19 层基本层序

(2) 由泥质粉砂岩和泥灰岩组成的互层韵律型基本层序

该类型基本层序见于红水泉组地层上部层位中，主要见于 $C_6ESP_{035\text{-}1}$ 剖面第 3 层，由泥质粉砂岩和泥质岩组成，单层厚 6～10 m，在泥质岩中发育腕足类化石(图 6-8)。该层序内单层仅见块状层理，是介质在能量较低的低流态状态下的沉积产物，沉积环境为浅海沉积环境，这与浅海钙质含量较高，发育泥质岩的特征一致。

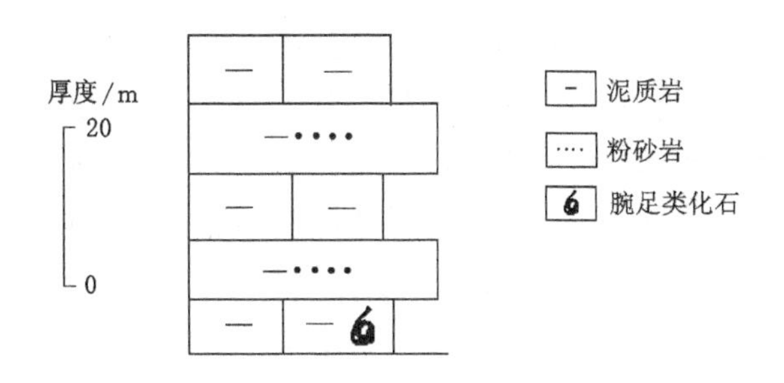

图 6-8　$C_6ESP_{035\text{-}1}$ 剖面第 3 层基本层序

2. 少量向上变粗型基本层序

少量向上变粗型基本层序不发育，仅见于红水泉组地层下部层位中(C_6ESP_{23} 剖面第 16～19 层)。该基本层序共见 3 个单层，其中有 1 个是火山岩夹层，即泥质粉砂岩(夹沉凝灰岩)、粉砂岩、中粒石英砂岩，自下而上单层厚度由大变小，下部泥质粉砂岩厚约 20 m，而上部中粒石英砂岩厚度小于 10 m。这种层序是海平面下降、海退过程中的产物。一般情况下，细碎屑岩沉积速率较小，粗碎屑岩沉积速率较大，而红水泉组地层所见的少量向上变粗型基本层序的厚度随粒度增大而减小，说明其沉积环境是动荡变化的。结合区域地质资料，红水泉组地层是海水扩张阶段的产物，形成环境与该基本层序形成环境正好相反，说明海平面在上升过程中在一段时间内伴有下降过程，是不稳定的海相沉积环境。

3. 总体向上变细型基本层序

该基本层序类型主要见于红水泉组地层下部层序中，具有代表性的是 C_6ESP_{23-1} 剖面第4～6层(图6-9)。该基本层序自下而上分别为含砾细粒杂砂岩、中细粒岩屑石英砂岩、细粒岩屑砂岩、粉砂岩，其间有3个火山岩夹层。含砾细粒杂砂岩单层偏薄，厚度为6～8 m，其他单层厚约10～15 m，岩石仅见块状层理。3个火山岩夹层分别为火山碎屑岩、火山凝灰岩和晶屑凝灰岩。这种特点反映了该岩石为海平面相对上升、地壳下降阶段的产物。此阶段断裂处于活动期，火山活动频繁，形成了向上逐渐变细，同时有多个火山岩夹层的基本层序。沉积环境为不稳定的滨浅海，这与红水泉组地层早期沉积环境一致。

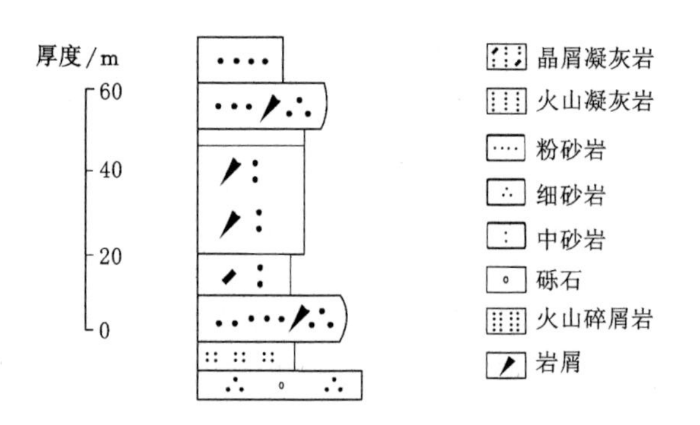

图6-9　C_6ESP_{23-1} 剖面第4～6层基本层序

4. 由陆源碎屑和内源碎屑组成的基本层序

该类型基本层序仅见于红水泉组地层上部层序中，如 C_6ESP_{035-1} 剖面中的第7～9层。这种基本层序自下而上分别为泥质岩、钙质泥岩、灰岩(图6-10)。由此可见自下而上碳酸盐岩含量逐渐升高，说明沉积时水体逐渐变浅，为海平面下降、地壳上升所致。组成基本层序的3个单层厚度均较大，厚度为20～50 m，说明当时的沉积环境相对稳定，海平面相对下降速率较大。结合泥岩中产底栖生物腕足类化石可知，该基本层序反映的沉积环境为浅海。

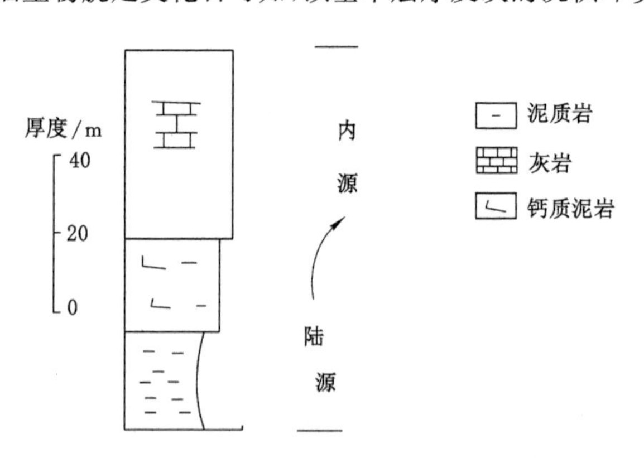

图6-10　C_6ESP_{035-1} 剖面第7～9层基本层序

综上所述，红水泉组地层下部层序沉积环境为滨浅海，形成了一套由陆源碎屑组成的沉积岩。随着地壳的不断下降，海平面上升，火山活动持续不断，说明当时的海相环境极不稳定，处于扩张期。海水由于深度变大，进入了红水泉组地层上部层序中，沉积环境已过渡为浅海，见大量的底栖生物化石，灰岩和泥灰岩发育。由于红水泉组地层是所研究区域的最下部海相沉积地层，是海相形成的初始阶段产物，这与本研究区所反映的沉积环境基本一致。

（三）沉积环境及沉积盆地的构造环境分析

R.C.Selley 将沉积环境定义为“在物理、化学、生物上有别于相邻地区的一部分地球表面”。其中最主要的差别在于大气、水体等介质条件，这种差别在生物群系方面、构造地貌方面以及岩石和地球化学方面反映出来的特征可以作为沉积环境标志。

(1) 生物群系的环境特征

红水泉组地层中上部的粉砂质泥岩中出露大量的海相古生物化石，这些化石主要有腕足类化石、藻类化石、苔藓虫化石、放射虫化石、海百合化石等，它们产出层位集中，化石保存状态较好。古生物化石的组合特征代表着浅海沉积环境特征。

(2) 岩石学、地层学的沉积环境标志

红水泉组地层由下而上形成的砂岩、泥岩、碳酸盐岩建造，反映了沉积水体深度逐渐增大的沉积环境，并且通过层序地层学分析，红水泉组地层下部的陆源碎屑（夹火山碎屑）的砂岩为滨岸带与陆棚间过渡带的产物，沉积物以粉砂、细砂为主；红水泉组地层上部的硅质岩、泥岩和碳酸盐岩是浅海和半深海的产物，代表着海平面剧烈上升形成海侵体系域，而后海平面在高位时期进行沉积。总体来说，红水泉组地层沉积环境为滨浅海。

(3) 岩石化学、地球化学环境标志

红水泉组地层岩石化学、地球化学分析结果见表 6-1～表 6-3。红水泉组地层稀土元素配分曲线如图 6-11 所示。

表 6-1 红水泉组地层岩石化学分析结果

样品编号	主量元素化合物含量/%										
	SiO_2	TiO_2	Al_2O_3	Fe_2O_3	FeO	MnO	MgO	CaO	Na_2O	K_2O	P_2O_5
P_{23-1}TC67	84.60	0.15	7.76	0.23	3.27	0.02	0.22	0.35	0.27	1.87	0.15
P_{23-1}TC70	90.82	0.10	3.34	0.66	3.16	0.02	0.23	0.43	0.17	0.80	0.15
P_{23}TC57	72.44	0.30	13.27	0.47	4.89	0.04	0.99	1.27	4.77	1.08	0.08
P_{23}TC84	62.14	0.50	20.32	1.43	3.40	0.05	1.78	1.02	0.62	4.67	0.35
P_{23}TC88	77.96	0.40	10.65	0.47	4.80	0.12	1.11	0.38	0.24	2.75	0.15
P_{23}TC90	87.32	0.10	3.97	0.27	5.98	0.04	0.18	0.40	0.17	1.18	0.05
P_{23}TC74	54.18	1.20	20.13	4.36	5.28	3.85	0.22	2.66	3.54	2.64	0.32
P_{23}TC75	52.84	1.00	21.34	7.51	3.48	1.92	0.09	1.00	3.13	4.37	0.40
P_{23}TC81	70.26	0.70	15.36	2.34	1.36	1.18	0.04	0.56	0.61	4.41	0.10
P_{23}TC74-1	69.30	0.67	14.29	2.93	2.44	0.06	1.79	1.34	0.90	3.37	0.12
P_{23}TC82	69.00	0.76	16.99	2.02	0.77	0.01	0.94	0.44	5.38	0.04	0.07
P_{23}TC80	72.36	0.62	14.41	2.28	1.41	0.02	1.26	0.61	0.29	4.56	0.06

表 6-2　红水泉组地层稀土元素分析结果及特征参数

岩性		粉砂岩	细粒石英砂岩	粉砂岩	细粒石英砂岩	平均值
样号		P_{23-1}TC67	P_{23-1}TC70	P_{23}TC57	P_{23}TC88	
含量/×10^{-6}	La	36.10	12.20	52.70	50.60	37.90
	Ce	63.80	16.40	73.90	97.20	62.83
	Pr	5.91	1.37	7.81	9.24	6.08
	Nd	23.90	5.65	37.80	38.20	26.39
	Sm	4.50	0.97	6.59	8.03	5.02
	Eu	0.73	0.26	0.92	1.44	0.84
	Gd	3.41	1.07	5.89	8.13	4.63
	Tb	0.51	0.17	0.91	1.31	0.73
	Dy	2.79	1.10	5.40	7.51	4.20
	Ho	0.59	0.23	1.11	1.58	0.88
	Er	1.53	0.60	3.31	4.21	2.41
	Tm	0.22	0.09	0.52	0.69	0.38
	Yb	1.79	0.75	3.48	4.34	2.59
	Lu	0.30	0.12	0.46	0.72	0.40
	Y	12.80	5.25	25.50	38.60	20.54
	REE	158.88	46.23	226.30	271.80	175.80
	LREE	134.94	36.85	179.72	204.71	139.06
	HREE	23.94	9.38	46.58	67.09	36.75
特征参数	∑LREE/∑HREE	5.636 6	3.928 6	3.858 3	3.051 3	3.784 1
	δ_{Eu}	0.554	0.786	0.448	0.546	0.529
	δ_{Ce}	1.007	0.832	0.782	1.055	0.932
	La/Yb	20.168	16.267	15.144	11.659	14.633
	La/Sm	8.022	12.577	7.997	6.301	7.546

注：δ_{Eu}反映了样品在其球粒陨石标准化图解(科里尔图)中 Eu 异常(亏损或富集)的程度；δ_{Ce}含义与δ_{Eu}类同；$\delta_{Eu}=\frac{Eu_N}{Eu^*}=\frac{Eu_N}{10^{\frac{1}{2}(\log Sm_N+\log Gd_N)}}=\frac{Eu_N}{\sqrt{Sm_N\cdot Gd_N}}$；$\delta_{Ce}=\frac{Ce_N}{Ce^*}=\frac{Ce_N}{10^{\frac{1}{2}(\log La_N+\log Pr_N)}}=\frac{Ce_N}{\sqrt{La_N\cdot Pr_N}}$；REE 表示稀土元素；LREE 表示轻稀土元素；HREE 表示重稀土元素；∑LREE/∑HREE 表示轻稀土元素总含量与重稀土元素总含量的比值；以上公式中带下标 N 的参数值均为球粒陨石标准化之后的结果，下同。

表 6-3　红水泉组地层微量元素分析结果

名称		粉砂岩	细粒石英砂岩	粉砂岩	细粒石英砂岩
		P_{23-1} TC67	P_{23-1} TC70	P_{23} TC57	P_{23} TC88
含量/$\times10^{-6}$	B	11	21	4.8	14
	Nb	11	4	64	14
	Ta	1.3	0.5	5.9	1.7
	Zr	190	97	370	315
	Hf	4.8	2.9	9.7	8.4
	U	1.4	1.1	1.1	2.3
	Th	8.0	3.1	8.1	11.6
	Ti	0.22	0.09	0.32	0.30
	P	0.023	0.016	0.030	0.058
	K	1.85	0.56	0.77	2.19
	Mn	0.02	0.02	0.04	0.12
	Fe	2.77	2.98	4.32	4.16
	F	247	169	214	458
	Cl	81.2	138.0	55.6	112.0
	Cu	26	858	481	643
	Pb	32	17	28	31
	Zn	108	71	153	156
	Cr	207	174	252	415
	Ni	10.8	10.0	16.1	16.9
	Li	9.8	10.1	17.9	33.6
	Rb	74.8	26.9	30.8	95.6
	Cs	3.7	2.5	4.2	5.2
	Mo	2.56	5.56	2.88	4.13
	Sr	36	27	91	110
	Ba	520	140	200	195
	Ga	13	4	25	18
	Sn	50	50	42	44

由图 6-11 可知,红水泉组地层重稀土元素的配分曲线较为平坦。由表 6-2 可知,红水泉组地层轻稀土元素的分馏程度较好(La/Yb=11.659～20.168、La/Sm=6.301～12.577),具中等 Eu 亏损(δ_{Eu}=0.448～0.786),Ce 为正常型(δ_{Ce}平均值为 0.932)。稀土元素铈未发生异常,表明红水泉组地层形成的环境是较温暖的气候条件,沉积水盆较封闭。现代海洋沉积物及深海钻探资料表明,绝大多数海洋沉积物具有铈的负异常,尤其是碳酸盐岩。在碳酸盐岩中,杂质的掺入可以减少铈的异常,现代海水强烈亏损铈,而红水泉组地层的铈属正常型,表现出与广海型沉积存在较大的差异,而与现今铈正常型的黑海相似,说明当时沉积水盆相对封闭;沉积水

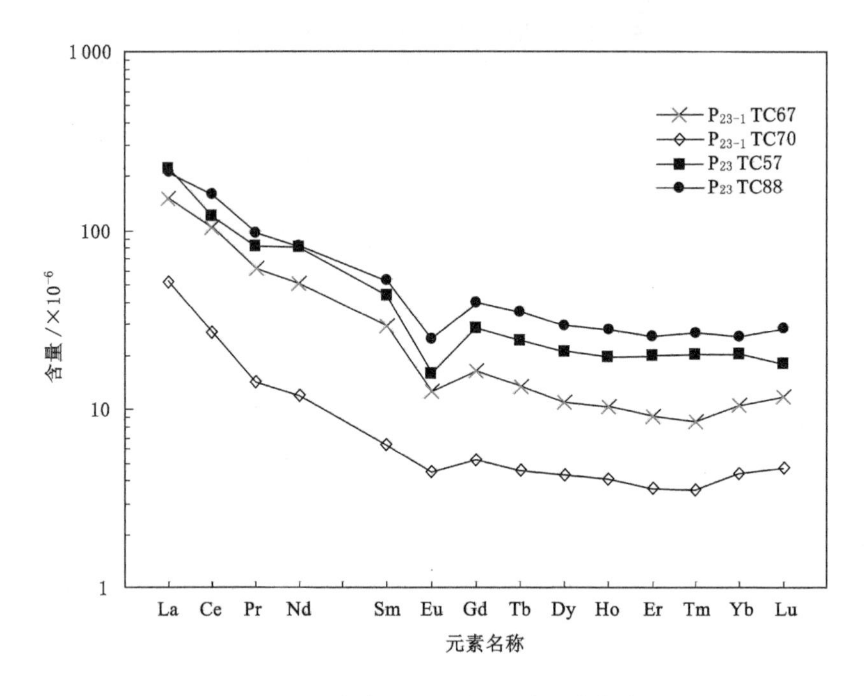

图 6-11　红水泉组地层稀土元素配分曲线图

盆中铈的富集与水盆所属的气候条件也有关，即在温暖、潮湿的气候下有利于铈的迁移，从而进入沉积盆地。

以化学成分进行变质碎屑岩的沉积环境研究多采用普列多夫斯基的 Ba 和 Sr 图解法。Ba、Sr 等微量元素在低于角闪岩相变质程度的体系中可保持稳定，因此可以作为变质碎屑岩沉积环境研究的依据。在 Ba 含量与 Sr 含量关系图(图 6-12)上，红水泉组地层沉积碎屑岩样品投点中有一个投点落入淡水区域，多数投点落入半咸水区域，这一特点表明沉积环境为滨浅海环境。在 SiO_2 含量与 K_2O/Na_2O 关系图(图 6-13)中，层积岩样品投点多数落入被动大陆边缘(PM)区，表明红水泉组地层沉积物来自稳定的大陆地区，并沉积在被动大陆边缘的位置，有 4 个层积岩样品投点落入活动大陆边缘(ACM)区及附近区域，主要是由于层积岩成熟度偏低，除能反映层积岩较低的成熟度外，也在一定程度上能反映当时的构造环境并不是典型的被动陆缘，而是大陆边缘背景上的被动裂开环境。

在 La 含量、Th 含量和 Sc 含量之间的关系图[图 6-14(a)]中，所有投点都落入了活动大陆边缘区和被动大陆边缘区及附近，进一步用 Th 含量、Sc 含量和 Zr/10 含量之间的关系图[图 6-14(b)]进行区分，所有的投点都落入了被动大陆边缘区，这和图 6-13 的结果一致。

镁铝含量的比值可表示为 $M=100\times MgO/Al_2O_3$。此公式是根据沉积岩岩层中 MgO 含量的亲海性、Al_2O_3 的亲陆性特征而建立起来的。在由淡水向海水过渡的沉积环境中，M 值随沉积岩水体中盐度的增大而增大，淡水沉积环境下 $M<1$，海陆过渡的沉积环境下 $10>M>1$，海水沉积环境下 $500>M>10$，陆表海沉积环境下 $M>500$。红水泉组地层 M 值变化范围是 0.26～12.53，主要分布在 1.00～10.00，说明沉积环境为海陆过渡型沉积环境。

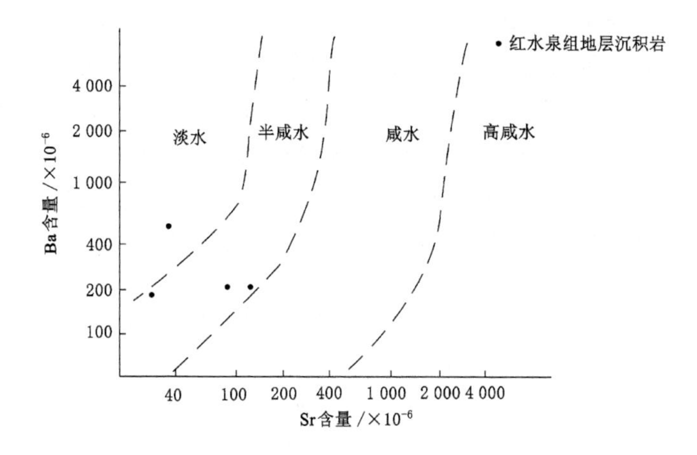

图 6-12　红水泉组地层沉积岩 Ba 含量与 Sr 含量之间的关系

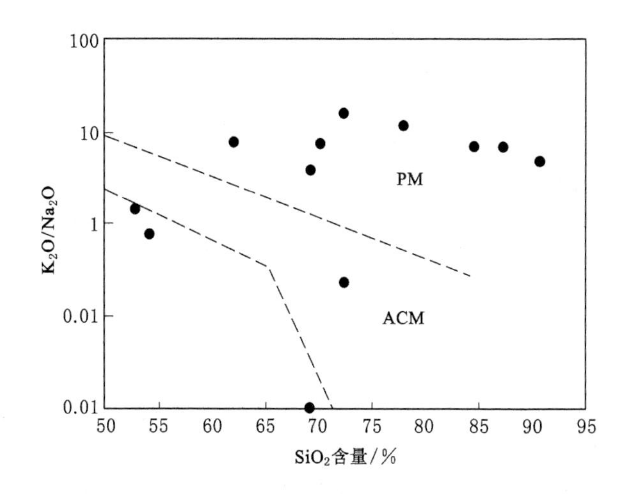

PM—被动大陆边缘；ACM—活动大陆边缘；•—红水泉组地层沉积岩。

图 6-13　红水泉组地层沉积岩的 SiO_2 含量和 K_2O/Na_2O 之间的变化关系

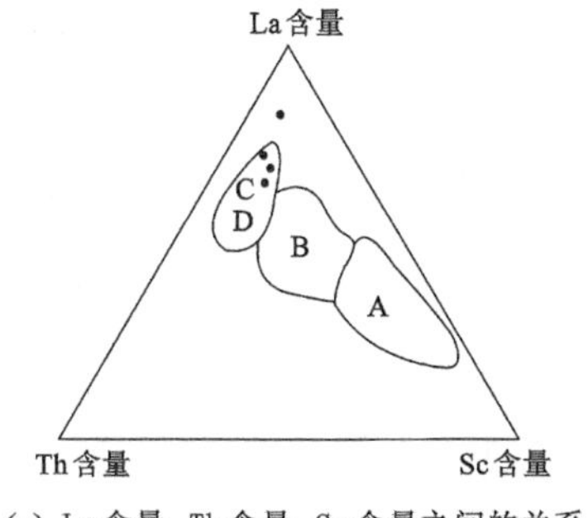

(a) La含量、Th含量、Sc含量之间的关系

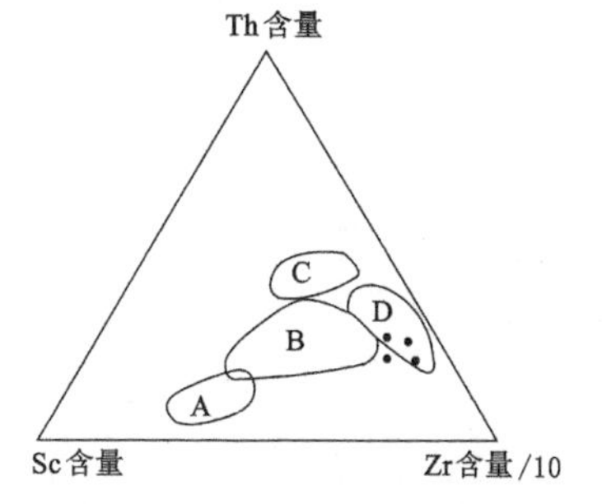

(b) Th含量、Sc含量、Zr含量/10之间的关系

A—大洋岛弧；B—大陆岛弧；C—活动大陆边缘；D—被动大陆边缘；•—红水泉组地层沉积岩。

图 6-14　红水泉组地层沉积岩元素含量之间的关系

Tayloa 和 Mclennan 等认为，所有的稀土元素和 Y、Th、Co 等元素均难溶于水，在海水中停留时间很短，它们在沉积成岩和成岩后的变质等地质作用过程中相对稳定，因此它们在细粒碎屑沉积物中的含量能直接定量地反映其在源区岩石中的丰度。通过与M.R.Bhatia提出的典型构造环境碎屑岩相同的地球化学参数的对比发现(表 6-4～表 6-6)，本区红水泉组地层碎屑岩的岩石化学特征、微量元素特征和稀土元素特征与被动大陆边缘的特征一致，只有 La/Th、稀土元素含量、Al_2O_3 含量和 Al_2O_3/SiO_2 值能反映大陆岛弧成分参与了这一过程。

表 6-4　红水泉组地层岩石化学特征参数与典型构造地区特征参数对比

名 称	主量元素化合物含量/%					特征参数		
	TiO_2	Al_2O_3	Fe_2O_3	MnO	CaO	Al_2O_3/SiO_2	K_2O/Na_2O	$Al_2O_3/(CaO+Na_2O)$
大洋岛弧	1.06	17.11	1.95	0.15	5.83	0.29	0.39	1.72
大陆岛弧	0.64	14.04	1.43	0.15	2.68	0.20	0.67	2.42
活动大陆边缘	0.46	12.89	1.30	0.10	2.48	0.18	0.99	2.56
被动大陆边缘	0.49	8.41	1.32	0.05	1.89	0.10	1.60	4.15
P_{23-1} TC67	0.15	7.76	0.23	0.02	0.35	0.09	6.93	12.52
P_{23-1} TC70	0.10	3.34	0.66	0.02	0.43	0.04	4.71	5.57
P_{23} TC57	0.30	13.27	0.47	0.04	1.27	0.18	0.23	2.20
P_{23} TC84	0.50	20.32	1.43	0.05	1.02	0.33	7.53	12.39
P_{23} TC88	0.40	10.65	0.47	0.12	0.38	0.14	11.46	17.18
P_{23} TC90	0.10	3.97	0.27	0.04	0.40	0.05	6.94	6.96
P_{23} TC74	1.20	20.13	4.36	3.85	2.66	0.37	0.75	3.25
P_{23} TC75	1.00	21.34	7.51	1.92	1.00	0.40	1.40	5.17
P_{23} TC81	0.70	15.36	2.34	1.18	0.56	0.22	7.23	13.13
P_{23} TC74-1	0.67	14.29	2.93	0.06	1.34	0.21	3.74	6.38
P_{23} TC82	0.76	16.99	2.02	0.01	0.44	0.25	0.01	2.92
P_{23} TC80	0.62	14.41	2.28	0.02	0.61	0.20	15.72	16.01
平均值(样品)	0.54	13.49	2.08	0.61	0.87	0.21	5.55	8.64

表 6-5　红水泉组地层稀土元素特征参数与典型构造地区特征参数对比

名 称	含量/$\times10^{-6}$				特征参数	
	La	Ce	Nd	稀土元素	轻稀土元素含量总和与重稀土元素含量总和之比	La/Y
大洋岛弧	8.7	22.5	11.4	58.0±10.0	3.80±0.90	0.48
大陆岛弧	24.4	50.5	20.8	146.0±20.0	7.70±1.10	1.02
活动大陆边缘	33.0	72.7	25.4	186.0	9.10	1.33
被动大陆边缘	33.5	71.9	29.0	210.0	8.50	1.31
粉砂岩(P_{23-1} TC67)	36.1	63.8	23.9	158.9	5.64	2.82
细粒石英砂岩(P_{23-1} TC70)	12.2	16.4	5.7	46.2	3.93	2.32
粉砂岩(P_{23} TC57)	52.7	73.9	37.8	226.3	3.86	2.07
细粒石英砂岩(P_{23} TC88)	50.6	97.2	38.2	271.8	3.05	1.31
平均值(样品)	37.90	62.8	26.4	175.8	4.12	2.13

表 6-6　红水泉组地层微量元素含量、特征参数与典型构造地区对比

名 称	微量元素含量/$\times10^{-6}$					特征参数			
	Ba	Sr	Zr	Co	Th	K/Th	La/Th	V/Ni	Sc/Cr
大洋岛弧	370	637	96	18	2.3	4 055	1.86	14.0	0.57
大陆岛弧	444	250	229	12	11.1	1 296	4.26	8.1	0.32
活动大陆边缘	522	141	179	10	18.8	1 252	2.36	5.0	0.30
被动大陆边缘	253	66	298	5	16.7	581	1.77	7.6	0.16
粉砂岩($P_{23\text{-}1}$ TC67)	520	36	190		8.0	0.36	4.51		
细粒石英砂岩($P_{23\text{-}1}$ TC70)	140	27	97		3.1	0.32	3.94		0.01
粉砂岩(P_{23} TC57)	200	91	370		8.1	0.19	6.51		0.01
细粒石英砂岩(P_{23} TC88)	195	110	315		11.6	0.3	4.36		0.02
平均值(样品)	263.75	66	243		7.7	0.29	4.83		0.01

通过以上生物群系、地层学、岩石学、岩石化学、地球化学特征的分析可知，红水泉组地层沉积物来自较稳定的大陆地区，并沉积在被动大陆边缘，反映了早石炭世兴安海槽拉张活动早期的沉积环境为滨浅海沉积环境。

（四）碎屑岩的物源区分析

在晚古生代沉积盆地中，陆源碎屑以砂泥质沉积为主，是物源区岩石风化、剥蚀、搬运在沉积盆地经自然混合形成的沉积产物。陆源细碎屑沉积岩的成分受物源区岩石成分和大地构造环境制约。

Roser 等提出利用主量元素 Ti、Al、Fe、Mg、Ca、Na、K 的氧化物而设立第一、第二判别函数来限定物源区，以区分铁质的、锰质的、中性的或长英质的火山岩和石英沉积岩，该函数被证明判别效果较好。物源区第一、第二判别函数值见表 6-7。红水泉组地层沉积岩运用砂岩-泥岩主要元素判别函数限定物源区特征图解如图 6-15 所示。图中黑圆点为红水泉组地层沉积岩投点。

表 6-7　物源区判别函数值

名 称	第一判别函数 F_1	第二判别函数 F_2
物源区判别函数值	−4.251 48	8.267 63
	−5.309 51	1.603 78
	2.909 92	220.402 16
	−1.413 64	28.099 82
	−4.004 21	6.965 32
	−3.488 90	1.626 22
	8.206 77	165.500 58
	7.168 07	147.572 14
	−2.997 97	29.063 96
	−3.049 02	39.193 31
	3.546 35	248.695 28
	−5.586 06	12.606 92

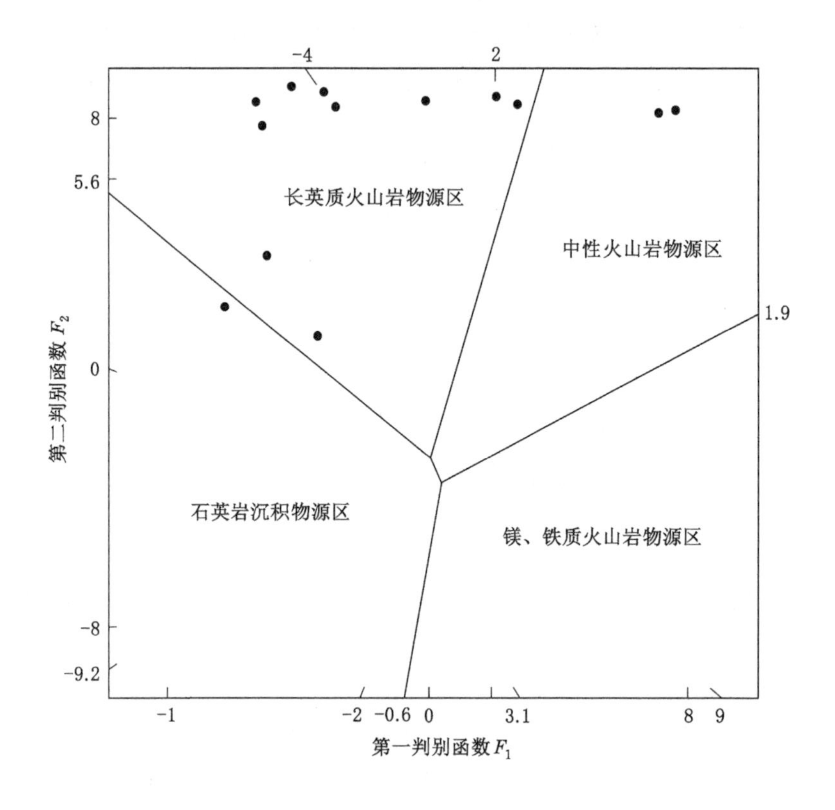

图 6-15 红水泉组地层沉积岩运用砂岩-泥岩主要元素判别函数限定物源区特征图解

由图 6-15 可知，红水泉组地层沉积岩大部分投点落入长英质火山岩物源区，少数落入中性火山岩物源区，只有一个投点落入石英岩沉积物源区，并靠近长英质火山岩物源区的区域。红水泉组地层沉积岩中岩屑成分为硅质岩、(变)酸性熔岩、泥岩，这与函数判别图结果一致，说明红水泉组地层沉积物主要来自火山岩物源区，其中包括长英质火山岩物源区和少量中性火山岩物源区。

（五）层序地层学特征

层序地层学是 P.R.Vail 等在研究被动大陆边缘海相盆地时提出的，也是在地震地层学基础上发展起来的一门新兴学科。其中心思想是建立盆地的等时地层格架和进行古地理再造、全球地层对比、全球地质历史重塑。由于测区森林覆盖率较高、露头出露差，只能用探槽工程进行揭露，在工作中尝试性地进行层序地层的划分。具体步骤是：测制主干剖面，系统收集其岩性、沉积相序的资料，并详细研究不整合面、下超面等各类层序界面特征，以及基本层序组合在纵向、横向的展布规律，初步划分层序，并在路线调查过程中利用路线追索岩性、基本层序等的变化规律，最后结合岩石地层、古生物特征等地层属性资料进行综合分析和验证。通过以上步骤，在岭北车站北识别了 1 个Ⅲ级地层层序，在图里河镇成本沟西山识别了 1 个Ⅳ级准层序组、7 个准层序（Ⅰ、Ⅱ、Ⅲ、Ⅳ、Ⅴ、Ⅵ、Ⅶ）、1 个凝缩段、1 个海侵体系域和 1 个高水位体系域，如图 6-16 所示，并最终建立了晚古生代沉积盆地地层格架和沉积地层模型。

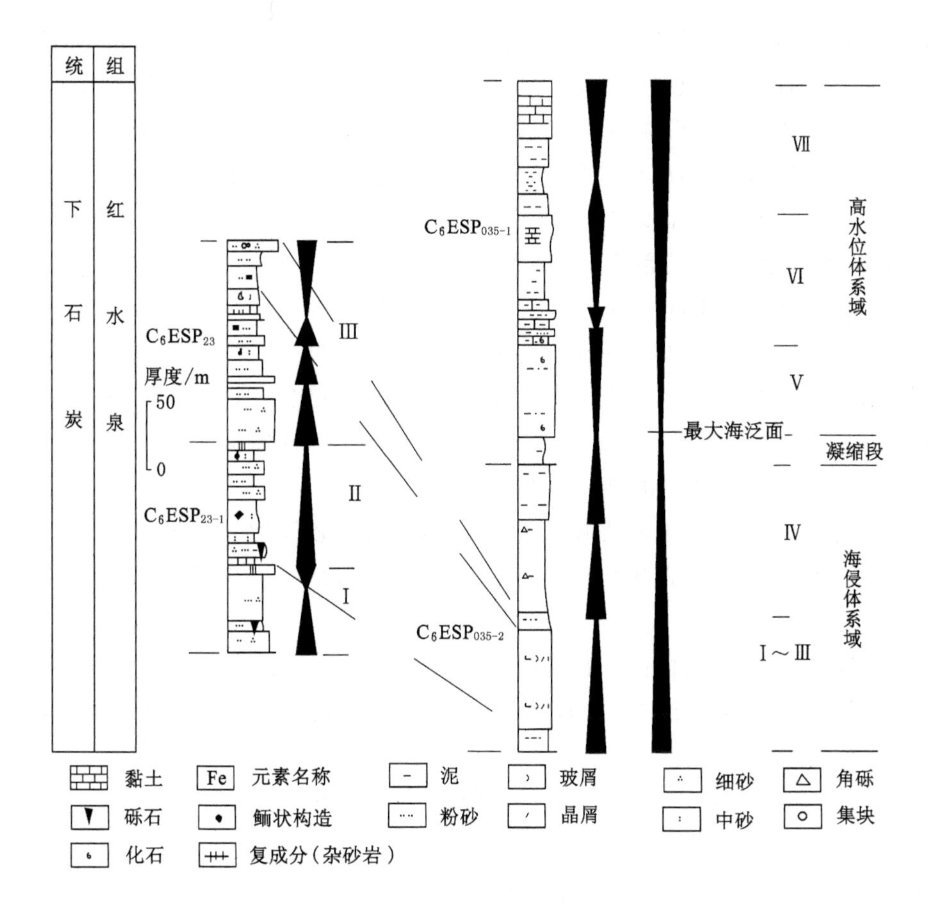

图 6-16　下石炭统红水泉组地层层序划分

1. 层序界面的识别

(1) 最大海泛面

最大海泛面是划分海侵体系域与高水位体系域的分界面，发育在 C_6ESP_{035-1} 剖面的第 1 层和第 2 层之间。分界面以下是海侵体系域，分界面以上是高水位体系域，上覆的高水位体系域前积层下超于最大海泛面之上，它是最大海侵期向外陆棚和盆地以最少的时间供给的碎屑物，具有富含铁、锰质的硬底，层面上发育凝缩段，地层层理较薄，沉积速率最小，界面上层为黑灰色变粉砂质泥岩，层理较薄，其中发育大量古生物化石。

(2) 准层序组间界面的划分

准层序组间界面的识别是困难的，因其缺乏类似最大海泛面的岩石学、古生物学等特征标志。根据本区特征，在退积型层序中依据小型的沉积间断，准层序在向陆地方向上超层序界面之上；在进积型层序中，依据岩相和岩性等综合特征突变面划分了准层序界面，其在向陆地方向上超层序界面之上，而在向盆地方向则下超于海侵体系域之上。

2. 沉积体系域和凝缩段

(1) 海侵体系域(TST)

海侵体系域为低水位系的最大海退期之后，随海平面上升速度的加快，沿老的斜坡面海侵上超，最终淹没陆棚，形成的一系列后退式或退积式的阶梯状准层序组成的海侵体系域。海侵体系域内部的准层序组在向陆地方向上超于层序界面之上，它的顶部界面是一个下超面，也是在最大海泛面之后形成的一系列退积层序组。总体上，向上海水深度变大，下部层序以浅海陆棚及过渡带碎屑沉积岩为主，向上变为以较深水环境沉积的硅质岩为主，最后由于海平面进一步上升，海水深度变大，沉积物源减少，被凝缩段覆盖。本区由于后期构造和中生代火山岩的覆盖，未见其底界初始海泛面。

(2) 高水位体系域(HST)

高水位体系域形成于全球海平面上升末期、升降静止期和下降期的初期，由 3 个准层序组成，主要分布于陆棚之上，其内部的准层序组在向陆地方向上超于层序界面之上，而在盆地方向则下超于海侵体系域之上，以上部发育多个海退体系为特征。在高水位体系域内又可划分为早期高水位体系域和晚期高水位体系域。

① 早期高水位体系域：下部的海平面较稳定，由海水较深的Ⅴ级准层序组组成。该准层序组含有大量古生物化石、黑色泥岩、黑色粉砂质泥岩等，层理较薄，代表海平面相对稳定。

② 晚期高水位体系域：由高水位体系域上部的海平面上升晚期滞留期和下降早期组成，每个级别准层序组都由下部以浅海陆棚前斜坡相泥岩为主的沉积，以及上部以陆棚沉积的含生物泥灰岩为主的沉积。

本区由于后期构造和中生代火山岩的覆盖，未见顶界的不整合面。

(3) 凝缩段

凝缩段在区域上分布稳定，主要分布在层序的中部。海侵体系域顶部由于海平面水位最高，沉积速率极小，相当于深海或半深海沉积，富含铁、锰质元素硬底。凝缩段上部代表较深水环境的富含古生物化石的黑色粉砂质泥岩和泥岩，凝缩段下部代表深水环境的黑灰色碎裂泥质硅质岩。

3. 沉积模型、地层格架

测区层序地层级别主要参考 P.R.Vail 等、王鸿桢等的划分方案，采用七级划分，如表 6-8 所示。将高水位体系域顶部缺失的不整合界面，以及海侵体系域底部缺失的初始海泛面作为三级层序界面，以最大海泛面作为盆地地层层序划分的四级层序界面，最大海泛面将本区的地层层序分为高水位体系域和海侵体系域，而将各准层序组之间的上超面作为准层序界面。

表 6-8 层序地层及级别划分

名称	级别						
	超级	一级	二级	亚二级	三级	四级	五级
王鸿桢等的方案	巨层序	大层序	中层序	正层序组	正层序	亚层序	小层序
P.R.Vail 等的方案		大层序	超层序组	超层序	层序	副层序	单层序

本次工件根据各级层序界面建立了本区的沉积模型(图 6-17)，并根据红水泉组各地层纵向、横向的展布特征，结合岩石地层的时空有序排列的特点，建立了地层格架，如图 6-18 所示。

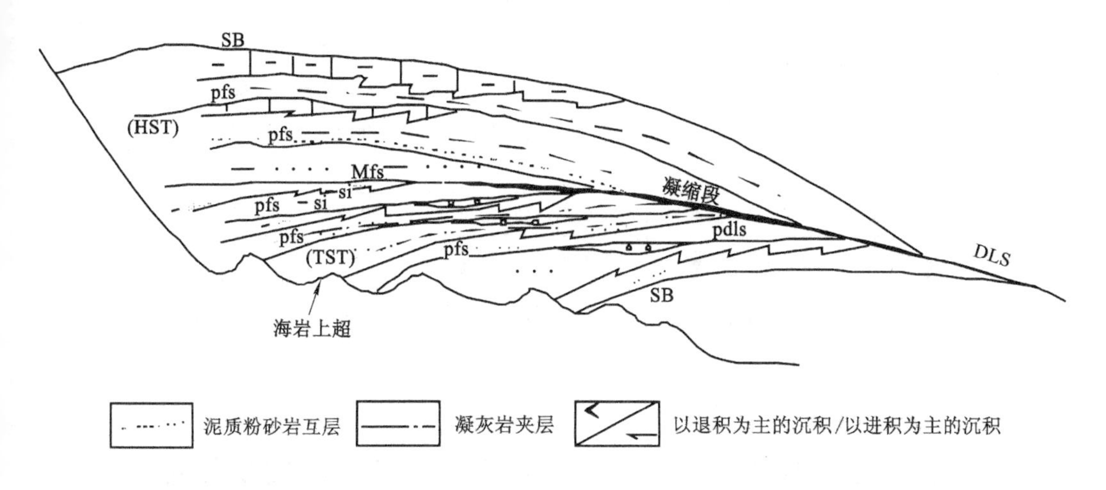

DLS—最大海泛面之上的上超；Mfs—最大海泛面；pdls—准层序下超面；pfs—准层序海泛面；SB—层序界面。

图 6-17　下石炭统红水泉组地层沉积模型

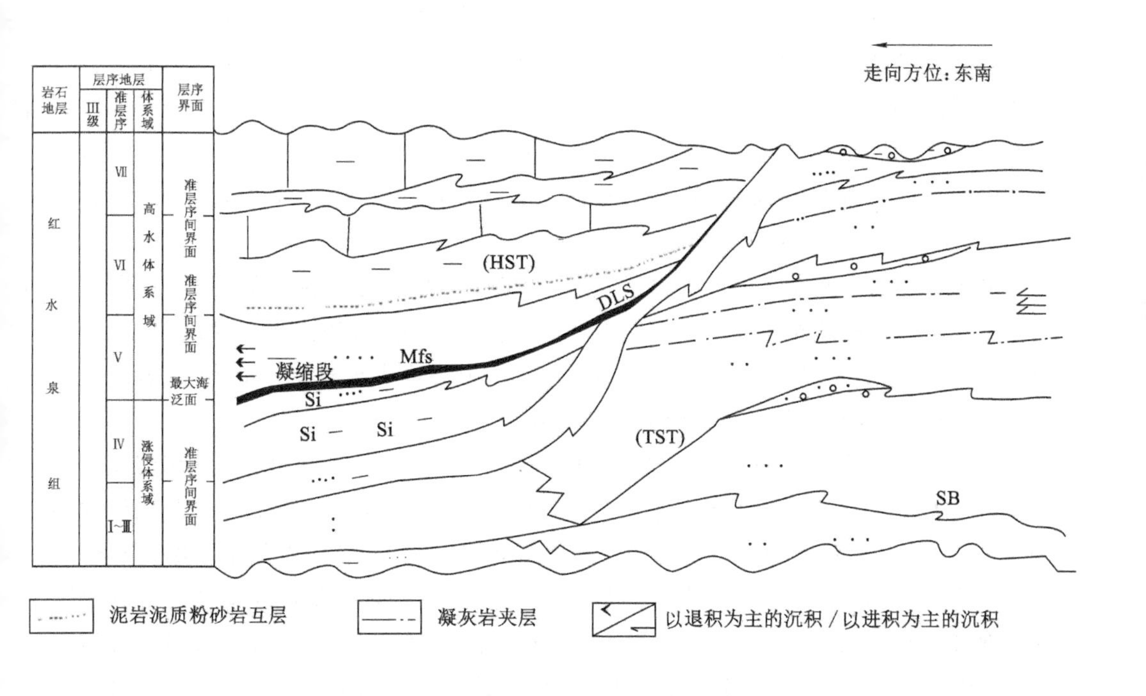

DLS—最大海泛面之上的上超；Mfs—最大海泛面；SB—层序界面。

图 6-18　下石炭统红水泉组地层格架及层序地层单位之间的关系

4. 海平面升降旋回沉积响应

海平面升降旋回沉积响应的特征见表 6-9。

表 6-9　海平面升降旋回沉积响应特征

准层序	海平面特征	岸线运动特征	沉积响应特征
Ⅰ～Ⅲ	快速上升	形成上超，快速海进	相对海平面自陆棚边缘过渡带开始，然后快速上升，陆棚上发育海侵体系域，这一时期也是一个地壳强烈活动期，沉积地层夹有大量火山碎屑岩
Ⅳ	缓慢上升	继续上超，但速度减慢	海平面超过陆棚表面，沉积一套相当于深、半深水的硅质岩
凝缩段	海平面停滞	海平面最高时期	海水最深，沉积形成凝缩段
Ⅴ～Ⅶ	缓慢上升后又缓慢下降	继续上超，但海退开始	形成穿越陆棚的斜坡沉积后，斜坡和陆棚交互形成海退沉积

第二节　晚古生代早石炭世莫尔根河组地层学特征

本组地层零星出露于大兴安岭北段根河地区库都尔镇东部、毕力格西部及根河南部、吉源林场南山一带，面积约 49.4 km^2，占测区面积的 0.42%，采取样品 11 套，大化石 12 个，微体古生物 2 套，Sm-Nd 同位素组成及 Sr-Nd 初始数据各 1 组，控制剖面 2 条。

《内蒙古自治区岩石地层》将前人在“1：20 万库都尔幅”中划分的谢尔塔拉组(C_1x)地层解体，并将其上部的以中基性火山岩为主的地层划为莫尔根河组地层。本区该套地层通过岩石组合及特征等对比，归入莫尔根河组地层。岩石组合为变玄武岩、细碧岩、角斑岩、结晶灰岩、变泥岩、大理岩、变泥质粉砂岩、变流纹质晶屑凝灰岩、碎裂岩化硅质岩。控制剖面 $C_6EMP_{17\text{-}2}$、C_6EMP_{29} 分述如下：

库都尔林业局小九亚林场东莫尔根河组 $C_6EMP_{17\text{-}2}$ 实测地层剖面如图 6-19 所示.该剖面上覆光华组流纹质熔结凝灰岩，下未见底。由图 6-19 可知，该剖面岩性简单，仅见角斑岩，地层以单斜构造为主，倾向为 10°，倾角为 45°，控制厚度大于 605.4 m。角斑岩地层相当于莫尔根河组地层的上部层序，横向上和细碧岩为横向过渡关系。

毕力格莫尔根河组 C_6EMP_{29} 实测地层剖面如图 6-20 所示。该剖面上覆光华组流纹质含角砾熔结凝灰岩，下未见底。由图 6-20 可知，该剖面控制厚度大于 1 321.61 m，地层倾向为南东-南西，以单斜岩层为主，其顶部与光华组地层为断层接触，底部被光华组地层不整合覆盖。C_6EMP_{29} 剖面是莫尔根河组地层中层序最全的一个剖面。莫尔根河组地层柱状对比图如图 6-21 所示。该柱状图展现了一个良好洋岛的形成演化过程。早期火山喷发的基性熔岩经海水交代作用产生了一套具水下喷发特征的枕状细碧岩，后由于喷发量增大及地幔柱作用产生高隆起，逐渐高出海面，形成洋岛；然后基性岩浆继续喷发，因基性岩浆是在洋岛上喷发的，所以未经过海水交代作用，变玄武岩夹层层序为洋岛周围的环礁灰岩和礁前泥岩互层的层序。一个碳酸岩层和一个泥岩层作为一个基本层序，也代表了一次海平面的轻微振荡。

综上所述，莫尔根河组地层厚度大于 1 312.6 m，它主要为一套海相变基、中性火山岩及细碎屑岩、碳酸盐岩沉积，该套岩石中只见少量的陆源碎屑沉积物，主要以大洋中的火山与火山物质堆积及碳酸盐沉积为主。

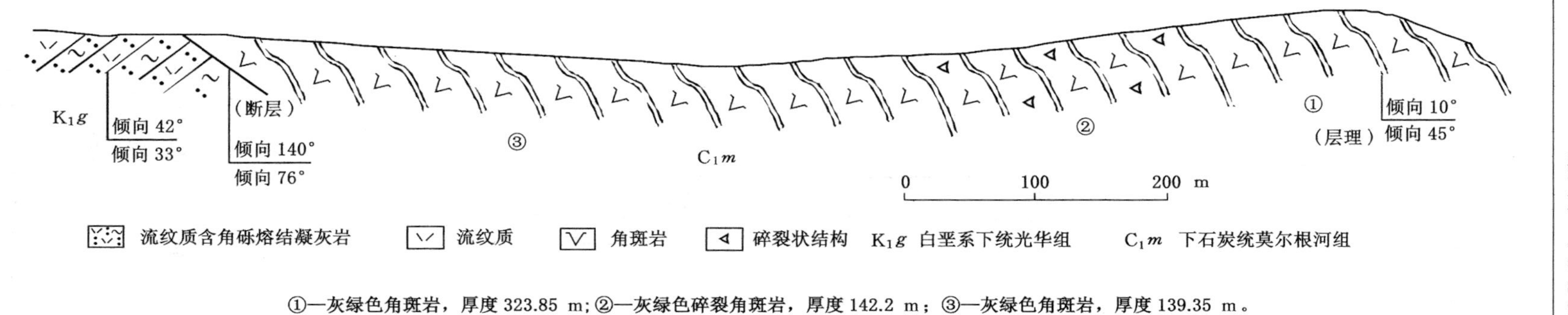

流纹质含角砾熔结凝灰岩　流纹质　角斑岩　碎裂状结构　K_1g 白垩系下统光华组　C_1m 下石炭统莫尔根河组

①—灰绿色角斑岩，厚度 323.85 m；②—灰绿色碎裂角斑岩，厚度 142.2 m；③—灰绿色角斑岩，厚度 139.35 m。

图 6-19　库都尔林业局小九亚林场东莫尔根河组 C_6EMP_{17-2} 实测地层剖面

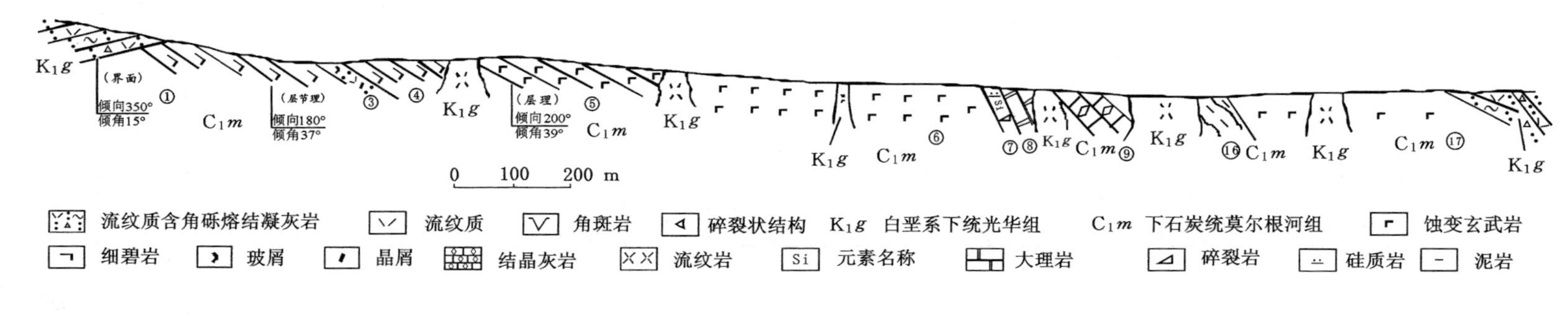

流纹质含角砾熔结凝灰岩　流纹质　角斑岩　碎裂状结构　K_1g 白垩系下统光华组　C_1m 下石炭统莫尔根河组　蚀变玄武岩

细碧岩　玻屑　晶屑　结晶灰岩　流纹岩　Si 元素名称　大理岩　碎裂岩　硅质岩　泥岩

①—灰绿色细碧岩，厚度 15.72 m；②—灰黑色细碧岩，厚度 105.35 m；③—灰-灰紫色主流纹质晶屑玻屑凝灰岩，厚度 30.2 m；④—灰黑色细碧岩，厚度 368.25 m；⑤—灰绿色蚀变玄武岩，厚度 167.35 m；⑥—灰绿色杏仁状蚀变玄武岩，厚度 216.39 m；⑦—灰绿色碎裂岩化硅质岩，厚度 24.31 m；⑧—灰白色含动物化石大理岩，厚度 23.55 m；⑨—灰黑色条带状结晶灰岩（含无窗贝、腕足类化石、园园海百合茎、轮珊瑚），厚度 25.01 m；⑩—灰黑色结晶灰岩，厚度 15.87 m；⑪—灰黑色条带状结晶灰岩，厚度 2.97 m；⑩—暗灰色变泥质岩，厚度 0.05 m；⑬—灰黑色条带状结晶灰岩，厚度 0.45 m；⑭—暗灰色变泥质岩，厚度 0.53 m；⑮—灰黑色条带状结晶灰岩，厚度 0.90 m；⑯—暗砂色变泥质岩，厚度 45.54 m；⑰—上部为蚀变玄武岩，下部为灰绿色杏仁状蚀玄武岩，厚度 270.20 m。

图 6-20　毕力格莫尔根河组 C_6EMP_{29} 实测地层剖面

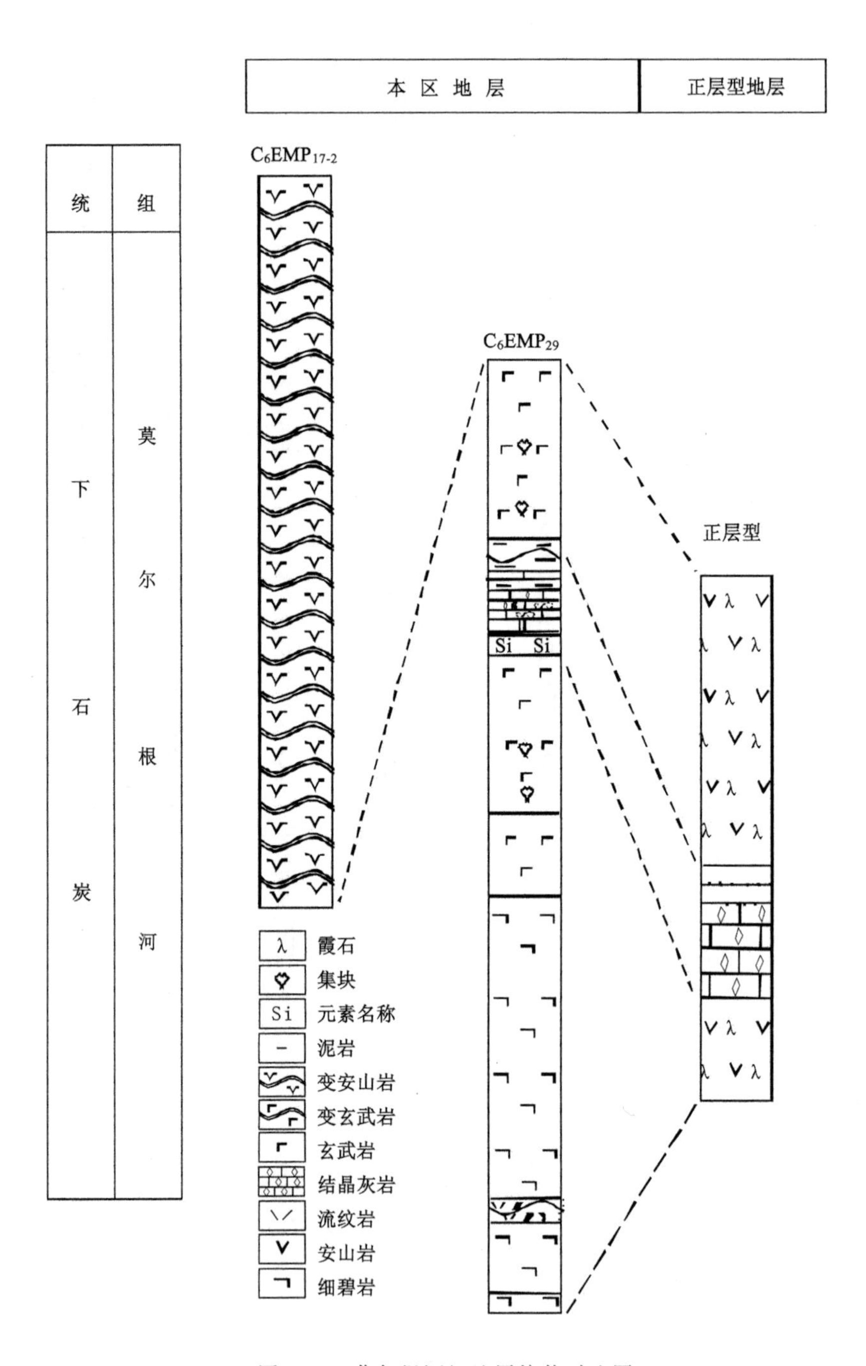

图 6-21　莫尔根河组地层柱状对比图

由图 6-21 可知，工作区出露的莫尔根河组地层与位于内蒙古陈巴尔虎旗莫格尔河左岸的正层型地层的出露层序基本一致。图中正层型地层指创名人在建立地层单位或界线层型时指定的原始层。C_6EMP_{29} 剖面第 9 层结晶灰岩出露的化石与正层型地层第 2 层发现的海百合、茎苔藓虫、腕足类化石及珊瑚完全一致，故沿用其名。

在碳酸盐岩夹层中新发现了园园海百合茎和轮珊瑚。此类化石在大兴安岭地区仅见于下石炭统，经区域对比，结合岩石地层资料，将工作区地层厘定为早石炭世莫尔根河组地层。

第三节 晚古生代莫尔根河组地层岩石学特征和洋岛玄武岩成因及意义

华力西中期浅变质岩系涉及的填图单位为莫尔根河组，该组地层在区内零星出露，主要出露在研究区南部毕力格西、库都尔林业局东部以及根河南部和吉源林场北部等地，涉及的填图单位变质程度较低，原岩结构、构造清晰可见。

该组地层在剖面中未见顶、底部，地层厚度大于 1 927.01 m。地层顶、底部分别被断层所隔或被中生代火山岩覆盖。主要岩石组合为细碧岩、变玄武岩、角斑岩，夹少量变泥质岩和结晶灰岩薄层。原岩为一套以海相中性-基性火山岩为主，夹少量细碎屑和碳酸盐岩建造。

一、岩石学特征

(1) 细碧岩

细碧岩呈灰绿色-灰黑色，普遍具有弱的片理构造，因结构不同，可分为普通细碧岩、少斑状细碧岩和角砾状细碧岩。

① 普通细碧岩：变余间隐结构，基质为间隐结构，块状、斑杂状构造。斜长石微晶紧密交错排列，其间充填绿泥石和少量金属晶粒，局部斜长石微晶自碎并与绿泥石混杂一起，与周围无明显界限，岩石结构不均匀；板条状斜长石微晶可见钠长石或被钠更长石集合体交代；部分岩石发育极其细小的气孔，有的气孔被杏仁体充填。

② 少斑状细碧岩：变余少斑状结构，基质为间片结构，变余斑晶为暗色矿物，呈粒状或粒状假象，粒度大小为 1 mm，含量远小于 1%，多被绿泥石和析出的铁质交代，而使矿物不易恢复。基质中钠更长石微晶交错、半交错状紧密排列，其间充填绿泥石、金属晶粒和铁质质点，如图 6-22(a)、(b)所示。

③ 角砾状细碧岩：角砾状结构，角砾状构造，原岩结构角砾保留，呈棱角状至次棱角状，粒度大小 3～12 mm，其间被阳起石、绿帘石、少量碳酸盐和绿泥石微粒充填交代，角砾为少斑状细碧岩、细碧岩，斑晶为板状斜长石，双晶已消失，晶面上沿裂纹被绿泥石、阳起石交代，粒度大小 0.5～1.5 mm，暗色矿物粒状，被阳起石和少量绿帘石交代，呈粒状假象。基质为间隐结构，填隙玻璃已分解，模糊不清，为杂质质点及绿泥石或阳起石交代；岩石发育少量不规则细小气孔，多充填阳起石；角砾间广泛发育阳起石，使角砾呈不规则状，边界不明显。阳起石以细小纤维杂乱排列为主，并且有少量星散状碳酸盐微粒不均匀分布，如图 6-22(b)所示。

(2) 变玄武岩

变玄武岩为莫尔根河组地层的主要岩石类型，主要包括普通变玄武岩和角砾状变玄武岩。岩石呈灰绿色，含有水榴石是这一类型岩石的典型特色。

① 普通变玄武岩：纤维变晶结构或变余斑状结构，块状、变余杏仁状构造。斑晶为斜长石，有的呈板状、聚斑状，有的已趋于分解，呈粒状，多数被绢云母交代，粒径为 0.5～1.2 mm，含量 5%。基质为间片结构，主要由斜长石微晶交错排列，其间充填黑云母鳞片和少量阳起石、绿泥石。水榴石，粒状，粒径为 0.2～0.8 mm，杏仁体呈椭圆状至不规则状，粒径为 0.5～5 mm，

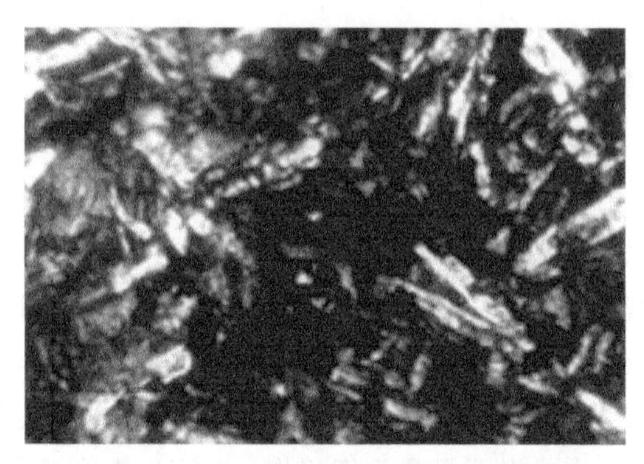

(a) P_{29}TC18 细碧岩(6.3×10),6.3×10=物镜视域倍数 × 目镜视域倍数,下同

(b) P_{29}TC5-3B3 细碧岩中的阳起石(6.3×10)

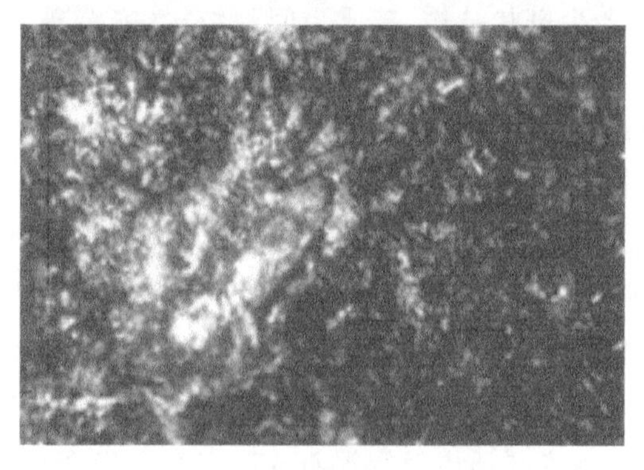

(c) P_{29}TC35 变玄武岩(2.5×10)

图 6-22　莫尔根河组地层细碧岩与变玄武岩

含量为 10%,由三层物质组成,中心为钠长石,内圈为水榴石,最外圈为绿帘石,如图 6-22(c)和图 6-23(a)所示。

② 角砾状变玄武岩:角砾状结构、构造,角砾呈不规则状,大小不等,粒径为 2~13 mm,含量 40%。角砾为变余斑状结构,基质为间隐结构,变余斑晶被细小阳起石交代,呈粒状假象,基质为长石微晶,也被阳起石交代;角砾间广泛发育阳起石、绿帘石、水榴石,充填交代,各自集中分布。

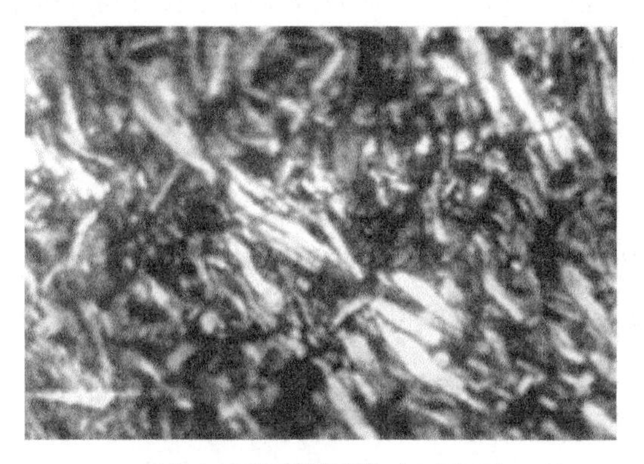

(a) P_{29}TC35变玄武岩(6.3×10)

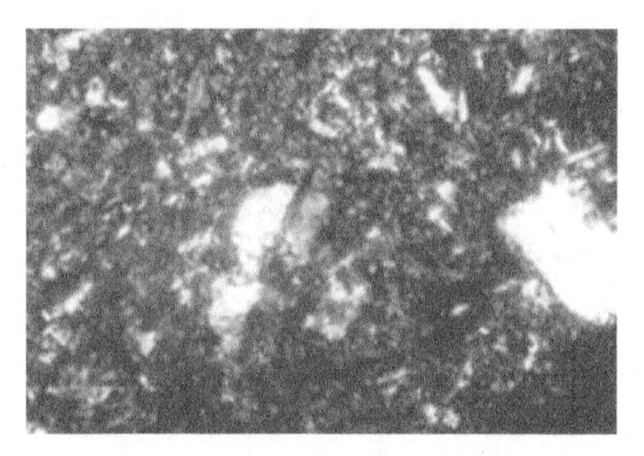

(b) $P_{17\text{-}2}$TC17-1角斑岩(2.5×10)

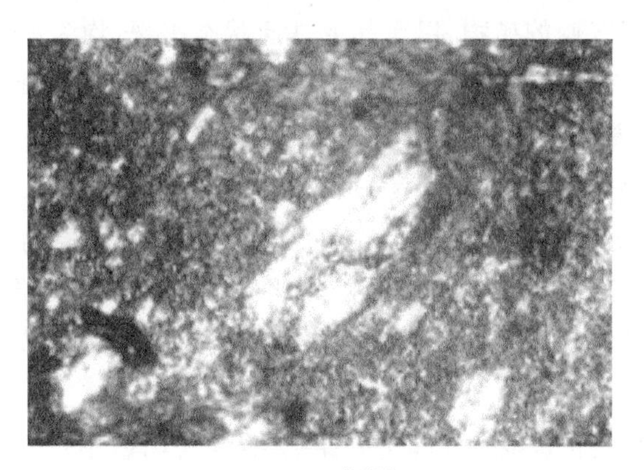

(c) $P_{17\text{-}2}$TC17-2角斑岩(2.5×10)

图 6-23 莫尔根河组地层变玄武岩与角斑岩

(3) 角斑岩

角斑岩呈深灰色至灰黑色,变余斑状结构,基质具微晶-霏细状结构。斑晶为斜长石,板状、粒状,粒径大小 0.4～3.0 mm,含量 20%。晶面多被钠更长石交代。另见少量辉石和角闪石斑晶,粒径大小 0.5～1.5 mm,含量小于 1%。基质呈微晶状、霏细状长石杂乱排列,多蚀变。新生矿物阳起石广泛发育,局部绿泥石或雏晶黑云母鳞片分散,金属他形微粒散布其中。岩石中的方解石细脉相互穿切,并且见绿帘石细脉被方解石细脉穿切,如图 6-23(b)、(c)所示。

(4) 变泥质岩

变泥质岩呈灰白色至暗灰色,显微鳞片变晶结构、生物结构,条带状-块状构造。其主要由泥质矿物组成,呈鳞片状、纤维状,高倍镜下显示微鳞片较广泛,暗色杂质质点发育,有的泥质矿物已脱玻化成隐晶质玉髓,另外可见少量石英、斜长石稀疏分布,斜长石呈斑状,粒径为0.05 mm,含量小于 5%。个别地段含海绵骨针,海绵骨针呈棒状,横切面园粒状,部分棒体呈弓形,成分为霏细粒状玉髓,杂乱排列,但较普遍,棒长 0.1～0.3 mm,横切面直径 0.01～0.03 mm,含量 5%。岩石中发育不规则状石英、绿泥石及黏土矿物细脉。

(5) 结晶灰岩

结晶灰岩呈灰白至灰黑色,显微粒状变晶结构,块状、条带状构造。该类岩石由泥质矿物及方解石微晶组成。岩石中有泥质条带,泥质条带呈透镜状、长条状,分布不稳定,宽 0.5～10 mm,含量 5%～20%,其余均为方解石微晶。岩石中发育海相珊瑚类、蜿足类化石。

二、矿物学特征

莫尔根河组地层基性火山岩类矿物主要为斜长石、绿泥石、绿帘石、阳起石,并含有少量水榴石、金属晶粒和副矿物;中性-酸性火山岩类矿物主要为斜长石、阳起石、绿泥石,并含有少量辉石、角闪石及方解石等,结晶灰岩中火山岩类矿物主要为微晶方解石,并含少量蚀变绿帘石、阳起石等。

(1) 斜长石

它是火山岩中类型普遍的矿物,以斑晶或基质状态出现,均为钠质斜长石。电子探针结果(表 6-10)显示,斜长石 Na_2O 含量为 9.94×10^{-2}～11.53×10^{-2},K_2O 含量为 0.04×10^{-2}～0.14×10^{-2},呈板条状,聚片双晶发育,细密,宽窄不一,见一级灰干涉色,可见近平行消光。斑晶多数已趋分解而呈粒状,被绿泥石、阳起石交代,斑晶消失。斜长石在垂直切面上的消光角为−10°～11°,An10～12,故该斜长石为酸性斜长石。有的晶体因受应力作用常见双晶弯曲而波状消光,成分为钠更长石、更长石,个别晶体隐约有环带显示,但不明显。在角斑岩中也可见极少数的更长石和中长石,二者呈板状结构,聚片双晶和环带均较发育。

(2) 绿泥石

它是基性岩中最广泛的矿物之一,在中性-中酸性火山岩中也有少量发育,多交代斜长石等矿物或填隙产出,呈鳞片状、不规则状结构,干涉色低。

(3) 绿帘石

绿帘石呈他形粒状、柱状集合体堆积,正交镜下具异常干涉色,化学成分见表 6-10。

(4) 阳起石

阳起石主要产于火山岩中,多沿其他矿物边缘或晶面裂纹生长,细小杂乱,呈浅黄绿色至浅绿色,呈小柱状、纤维状、放射状及微粒状。少数阳起石具一组解理,斜消光,消光角为 18°～19°。

表 6-10　莫尔根河组地层变质矿物电子探针结果

名称		矿物名称				
		斜长石	榍石	斜长石	水榴石	绿帘石
变质矿物化合物含量/%	SiO_2	65.11	31.19	65.36	38.27	39.09
	Na_2O	11.53	0.05	9.94	0.03	0.00
	TiO_2	0.18	36.43	0.00	0.00	0.08
	K_2O	0.14	0.15	0.04	0.03	0.05
	MgO	0.19	0.63	0.40	0.04	0.00
	Cr_2O_3	0.00	0.00	0.12	0.00	0.09
	CaO	0.69	24.56	1.13	35.83	23.01
	Al_2O_3	21.13	3.52	21.77	14.11	24.52
	MnO	0.00	0.00	0.00	0.28	0.33
	FeO	0.96	2.49	0.77	11.31	11.51
总含量/%		99.93	99.02	99.53	99.90	98.68

(5) 辉石

本研究区辉石呈柱状、微粒状，多被绿泥石、碳酸盐、玉髓交代而粒状呈假象，解理不明显，斜消光，少数仍可显示辉石干涉色，消光角为 42°，经电子探针分析为单斜辉石。

(6) 水榴石

它是发育在变玄武岩中的典型矿物，呈他形粒状、自形粒状结构，高突起，晶面不规则，裂纹发育，均具有光性异常，一级灰干涉色，双晶发育，呈锥状，可见以角顶为中心的 4 个三角形。

(7) 方解石

方解石为灰岩的主要矿物成分，无色，具菱形解理，闪突起，高级白干涉色，粒径一般为 0.1～0.4 mm，表面具高岭土化。

三、岩石化学特征

莫尔根河组地层细碧岩和角斑岩的组合岩以基性细碧岩和变玄武岩为主，它们是判断莫尔根河组地层地球化学属性和形成构造环境的特征性岩石。莫尔根河组地层岩石化学特征及特征参数见表 6-11。由表 6-11 可知，该组合岩的共同特征是富集 Na，在化学成分上细碧岩(包括变玄武岩，下同)SiO_2 的含量为 $44.5\times10^{-2}\sim51.54\times10^{-2}$，与标准细碧岩 SiO_2 的含量($45\times10^{-2}\sim52\times10^{-2}$)一致，$K_2O$ 含量平均为 1.81×10^{-2}(小于 2.00×10^{-2})，属正常细碧岩，少数样品 K_2O 含量大于 2.00×10^{-2}，属于钾细碧岩；在角斑岩中，K_2O 含量小于 Na_2O 含量，全碱(K_2O+Na_2O)含量较高，为 $4.80\times10^{-2}\sim6.12\times10^{-2}$，符合细碧岩和角斑岩的特征。该组合岩 Mg# 值范围在 40～80，说明岩石分异作用程度不均一。另外，本研究区细碧岩富集 Fe(FeO^* 含量为 $8.44\times10^{-2}\sim12.63\times10^{-2}$)、Ti(平均含量为 2.05×10^{-2})、P(平均含量为0.76×10^{-2})，轻重稀土元素分异较明显，Th 含量与 Ta 含量相近，以上地球化学信息显示了洋岛玄武岩特征。

表 6-11 莫尔根河组地层岩石化学特征及特征参数

名称		细碧岩				变玄岩			角斑岩	
		P_{29}TC22	P_{29}TC18	P_{29}TC28	P_{29}TC9	P_{29}TC50	P_{29}TC36	P_{29}TC35-2	P_{17-2}LT2	P_{17-2}TC21
主量元素化合物含量/%	SiO_2	50.18	51.54	44.50	44.52	47.70	44.54	49.88	58.34	54.19
	TiO_2	1.46	1.55	1.84	3.56	2.26	2.19	1.50	1.11	0.83
	Al_2O_3	16.79	16.33	12.30	14.17	13.86	15.63	12.80	16.37	17.08
	Fe_2O_3	6.16	3.46	3.89	4.89	5.71	3.29	4.08	5.85	2.26
	FeO	2.90	8.12	7.30	6.82	6.40	9.67	7.14	1.79	5.35
	MnO	0.13	0.15	0.13	0.16	0.11	0.10	0.11	0.07	0.09
	MgO	1.74	3.63	13.55	10.60	5.80	9.55	9.05	2.83	5.05
	CaO	12.42	3.52	7.99	4.96	9.96	6.01	9.00	5.62	6.19
	Na_2O	4.17	4.07	1.83	2.88	2.66	2.66	2 .00	4.01	3.64
	K_2O	0.56	3.73	1.35	0.57	2.45	1.63	2.41	2.11	1.16
	P_2O_5	1.45	1.64	0.39	0.67	0.43	0.45	0.30	0.52	0.26
	FeO^*	8.44	11.23	10.80	11.22	11.54	12.63	10.81	7.06	7.38
特征参数	Fe_2O_3/FeO	2.12	0.43	0.53	0.72	0.89	0.34	0.57	3.27	0.42

注：FeO^*为氧化亚铁全铁，FeO^*含量＝$Fe_2O_3{}^*$含量×0.899 8。

本研究区莫尔根河组地层基性火山岩与标准大洋拉斑玄武岩相比，更加富集Na_2O、K_2O、TiO_2及LREE，氧化程度也较高（Fe_2O_3/FeO平均为0.8，远大于0.4），显示了大洋碱性玄武岩的特征。由于这类岩石遭受了后期变质作用及构造岩浆事件的多次改造，因此在探讨其岩浆系列时，采用了主量元素中惰性组分与不活泼高场强元素、稀土元素（REE）相结合的研究方法。Na_2O含量、K_2O含量之和与SiO_2含量之间的变化关系如图6-24所示。TiO_2含量与Zr/P_2O_5之间的变化关系如图6-25所示。由图6-24、图6-25可知，本研究区

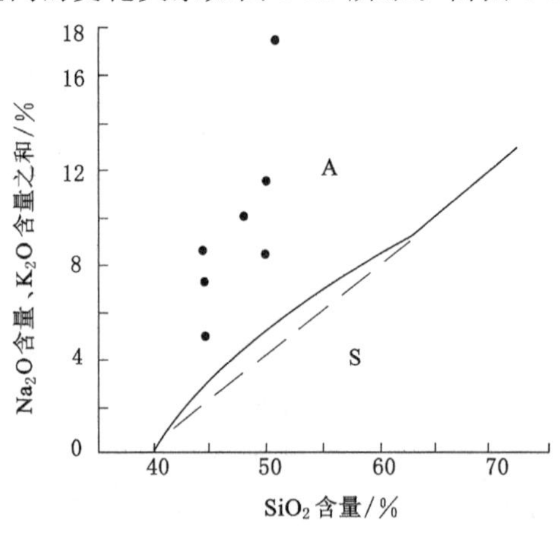

•—本研究区基性火山岩；A—碱性系列；S—亚碱性系列。

图 6-24 Na_2O含量、K_2O含量之和与SiO_2含量之间的变化关系

的基性火山岩均位于碱性系列区内。SiO_2 含量与 Nb/Y 之间的变化关系如图 6-26 所示。SiO_2 含量与 Zr/TiO_2 之间的变化关系如图 6-27 所示。由图 6-26、图 6-27 可知，莫尔根河组地层火山岩大多数投点落入碱性系列区内，只有一个投点落入非碱性系列区或碱性系列与非碱性系列的分界线上，并且落入非碱性系列区和分界线上的点代表同一种样品，说明本区莫尔根河组地层火山岩属于碱性系列岩石。

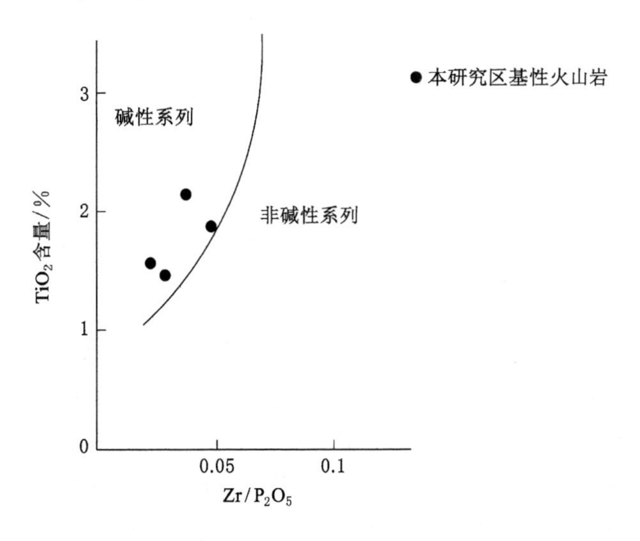

图 6-25　TiO_2 含量与 Zr/P_2O_5 之间的变化关系

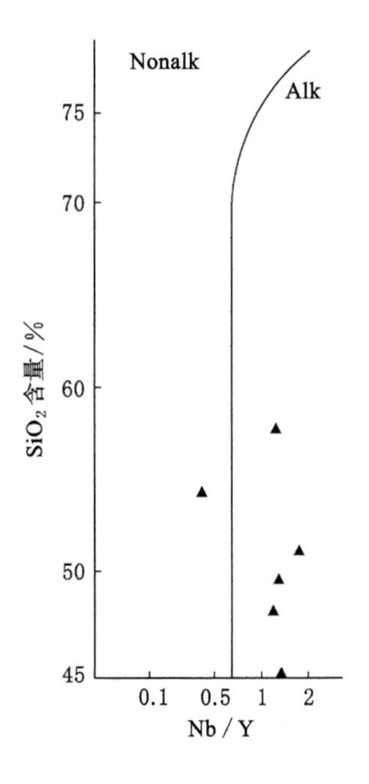

Alk—碱性系列；Nonalk—非碱性系列；▲—本研究区基性火山岩。

图 6-26　SiO_2 含量与 Nb/Y 之间的变化关系

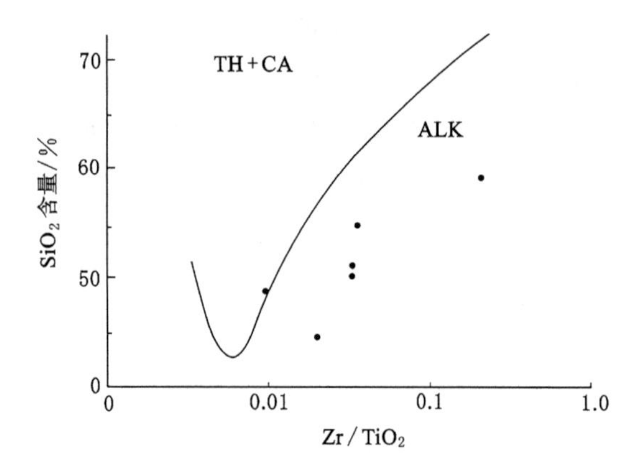

ALK—碱性系列;TH+CA—拉斑系列和钙碱性系列;•—本研究区基性火山岩。

图 6-27　SiO_2 含量与 Zr/TiO_2 之间的变化关系

MgO 含量、FeO* /MgO 是体现岩浆分异演化的一对重要参数。MgO 含量与 FeO* /MgO 之间的变化关系如图 6-28 所示。由图可知,研究区基性火山岩和角斑岩的 MgO 含量均与 FeO* /MgO 呈正相关关系,显示了二者相同的线性分布特征和成分演化趋势。莫尔根河组地层基性火山岩以碱性玄武岩为主。据 Miyashiro 的研究结果可知,碱性玄武岩有 3 个不同的演化趋势,通过对本研究区基性火山岩标准矿物分子石英及霞石 FeO* /MgO 的系统研究发现,研究区细碧岩的演化趋势属于碱性玄武岩的跨越 A 型演化趋势(图 6-29),其特点是随分异作用的进行,即随 FeO* /MgO 的增大,标准矿物分子 Ne 及 Q 含量提高。

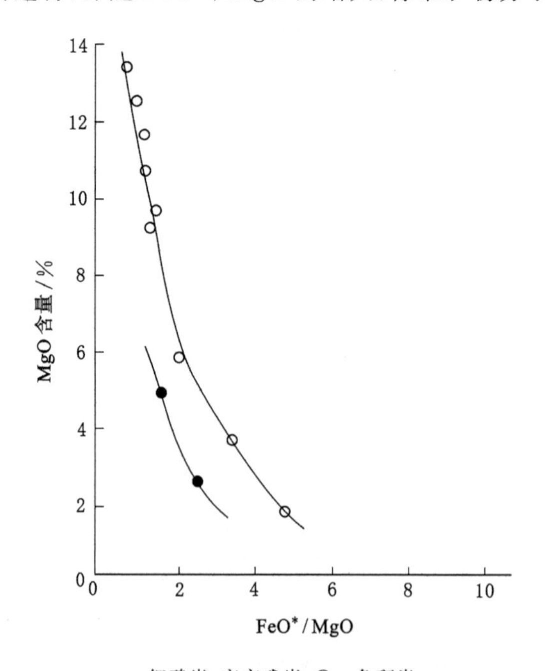

•—细碧岩、变玄武岩;○—角斑岩。

图 6-28　MgO 含量与 FeO* /MgO 之间的变化关系

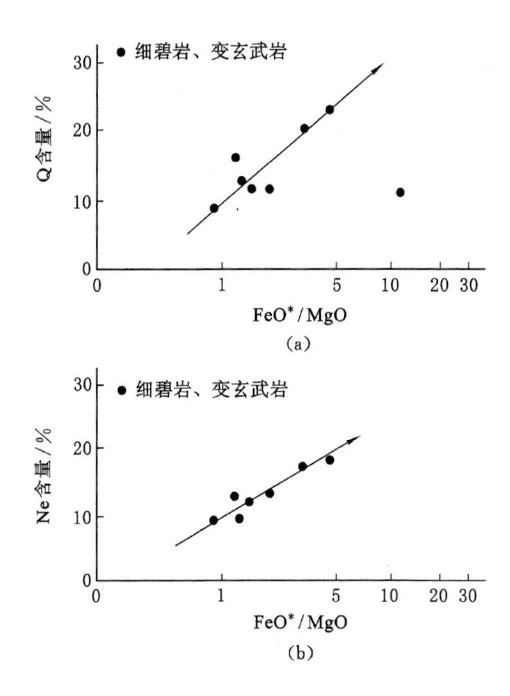

图 6-29　标准矿物分子石英含量、霞石含量与 FeO* /MgO 的变化关系

四、地球化学特征

研究区莫尔根河组地层火山岩稀土元素含量分析结果及特征参数见表 6-12,微量元素分析结果见表 6-13。

表 6-12　莫尔根河组地层稀土元素含量分析结果及特征参数

名称		细碧岩		角斑岩	变玄武岩	角斑岩	细碧岩
		P_{29}TC18	P_{29}TC28	P_{17-2}LT2	P_{29}TC50	P_{17-2}TC21	P_{29}TC22
含量/ $\times 10^{-6}$	La	60.6	24.2	49.8	26.2	14.9	62.7
	Ce	117.0	46.0	83.4	49.0	29.2	114.0
	Pr	13.30	5.76	8.54	6.11	3.64	14.10
	Nd	70.8	25.7	41.0	28.9	18.3	65.2
	Sm	13.20	5.06	7.01	6.99	4.69	13.90
	Eu	3.95	1.72	1.73	2.14	1.13	3.97
	Gd	9.80	4.49	4.72	5.63	3.70	10.00
	Tb	1.58	0.75	0.73	0.91	0.62	1.59
	Dy	9.32	4.80	3.97	5.58	3.91	9.19
	Ho	1.70	0.82	0.73	0.91	0.78	1.70
	Er	4.20	2.19	1.60	2.44	2.18	4.45
	Tm	0.58	0.26	0.24	0.32	0.30	0.66
	Yb	3.12	1.56	1.33	1.68	1.72	3.24

表 6-12(续)

名称		细碧岩		角斑岩	变玄武岩	角斑岩	细碧岩
		P_{29}TC18	P_{29}TC28	P_{17-2}LT2	P_{29}TC50	P_{17-2}TC21	P_{29}TC22
含量/$\times10^{-6}$	Lu	0.41	0.19	0.16	0.17	0.22	0.42
	Y	31.5	16.6	13.2	18.5	14.9	34.9
	REE	341.06	140.10	218.16	155.48	100.19	340.02
	LREE	278.85	108.44	191.48	119.34	71.86	273.87
	HREE	30.71	15.06	13.48	17.64	13.43	21.25
特征参数	δ_{Eu}	1.029	1.094	0.878	1.022	0.811	0.993
	δ_{Ce}	0.915	0.934	0.896	0.906	0.910	0.900
	LREE/HREE	9.080	7.200	14.205	6.765	5.351	4.140
	Sm/Nd	0.186	0.197	0.171	0.242	0.256	0.213
	La/Yb	19.423	15.513	37.444	15.595	8.663	19.352
	La/Sm	4.591	4.783	7.104	3.748	3.177	4.511
	Ce/Yb	37.500	29.487	62.707	29.167	16.977	35.185

表 6-13　莫尔根河组地层微量元素含量分析结果

岩性		细碧岩		角斑岩	变玄岩	角斑岩	细碧岩
样号		P_{29}TC18	P_{29}TC28	P_{17-2}LT2	P_{29}TC50	P_{17-2}Tc21	P_{29}TC22
含量/$\times10^{-6}$	Ga	40	18	52	15	26	42
	Ge	1.6	1.5	1.3	1.2	1.2	
	Sn	3.4	2.0	1.8	1.4	0.9	3.8
	Be	2.6	1.0	1.6	1.7	1.2	
	B	2.0	16.0	0.7	1.6	0.7	7.0
	Nb	52	21	11	21	5.9	50
	Ta	4.6	3.7	1.8	4.1	0.8	3.3
	Zr	390	220	240	180	115	430
	Hf	10.0	7.0	7.1	5.3	4.1	10.0
	U	0.5	0.7	1.4	0.7	0.8	1.4
	Th	8.8	13.0	9.5	15.0	10.0	8.6
	Ti	1.1	1.3	0.8	1.5	0.6	1.1
	Cr	0.1	340.0	57.1	134.0	52.5	36.5
	Ni	0.1	243.0	26.8	110.0	35.0	10.6
	Co	14.4	54.3	19.2	55.1	35.6	10.3
	Cd	0.09	0.03	0.04	0.05	0.21	
	Li	47.2	67.9	34.2	38.6	39.5	14.4
	Rb	78.4	37.8	61.9	98.6	36.0	11.0
	Cs	20.4	9.8	3.9	13.0	2.9	2.8

表 6-13(续)

岩性		细碧岩		角斑岩	变玄岩	角斑岩	细碧岩
样号		P_{29}TC18	P_{29}TC28	$P_{17\text{-}2}$LT2	P_{29}TC50	$P_{17\text{-}2}$Tc21	P_{29}TC22
含量/$\times10^{-6}$	W	1.8	0.1	0.1	0.6	0.3	
	Mo	1.4	0.3	0.4	0.4	1.2	0.4
	Sr	1 120	420	885	850	335	1 410
	Ba	640	200	790	650	230	650
	V	22	200	140	220	195	
	Sc	5.8	26.0	13.0	26.0	26.0	7.9

莫尔根河组地层基性火山岩稀土元素含量为 $140.10\times10^{-6}\sim341.06\times10^{-6}$，其中轻稀土元素含量为 $108.44\times10^{-6}\sim278.85\times10^{-6}$，表现为富集轻稀土元素，且稀土元素总含量较高，反映了碱性玄武岩特征，轻重稀土元素含量之比为 6.765 3～9.08，La/Sm＝3.748～4.783，轻稀土元素强烈分馏，$\delta_{Eu}=1.022\sim1.094$，无 Eu 异常；$(La/Yb)_N=9.012\ 2\sim11.283\ 9$，$(La/Yb)_N$ 表示 La 元素和 Yb 元素在球粒陨石标准化后的含量比值。大倾斜度右倾，高度富集轻稀土元素。角斑岩稀土元素含量为 $100.19\times10^{-6}\sim218.16\times10^{-6}$，轻稀土元素总含量/重稀土元素总含量＝5.351～14.205，La/Sm＝3.177～7.104，$(La/Yb)_N=5.302\ 7\sim21.752\ 8$，表现了与基性火山岩相同的稀土元素特征，$\delta_{Eu}=0.811\sim0.878$，具有极其微弱的 Eu 负异常(图 6-30)。上述特征表明，莫尔根河组地层火山岩在岩浆矿物分异过程中未与斜长石处于相平衡状态。

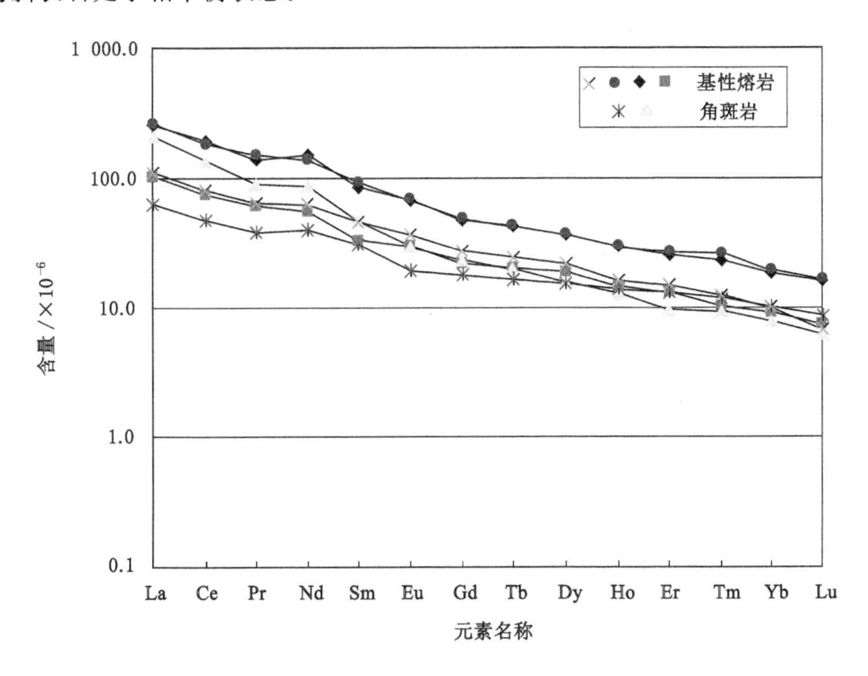

图 6-30　莫尔根河组地层稀土元素配分曲线图

莫尔根河组地层岩石中的微量元素与大洋拉斑玄武岩相比，Ba、Nb、Rb、Sr、Th、Zr 等不相容元素均较为富集，在大洋中脊玄武岩标准化蛛网图（图 6-31）中元素含量曲线为右倾型，总体显示高“隆起”特征，除 Ti 含量、Y 含量、Yb 含量和石榴石二辉橄榄岩相容元素含量略低于 MORB 外，其他元素含量均高于 MORB，具大洋板内玄武岩特征，其中 Rb 和 Ta 显示高度富集，暗示与地幔柱有关。很高的矿物/熔体分配系数表明，玄武岩的 Ni 丰度受橄榄石结晶分离作用的影响较大，Cr 则是橄榄石和富 Cr 的尖晶石从玄武岩浆中同时分离的灵敏指示剂。本研究区莫尔根河组地层基性火山岩中 Ni 含量和 Cr 含量均与 MgO 含量近似呈正相关关系，如图 6-32 所示，这表明岩浆在喷发的过程中有结晶分离作用的发生。

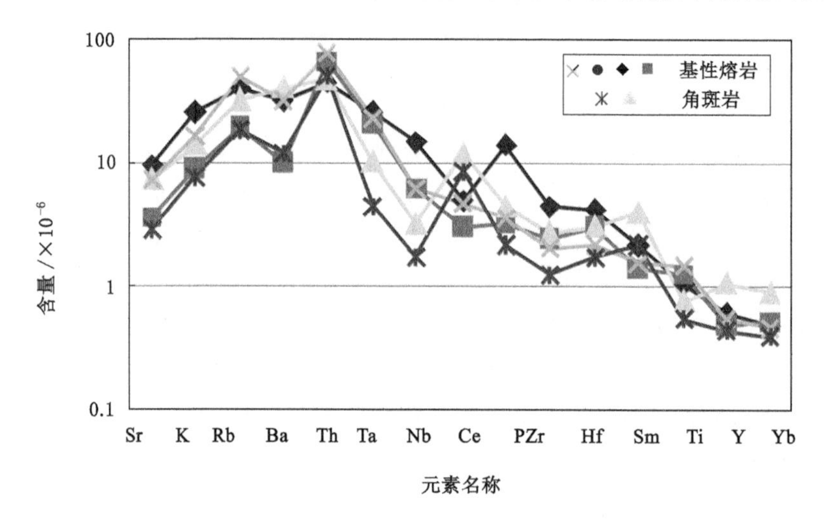

图 6-31 莫尔根河组地层微量元素蛛网图

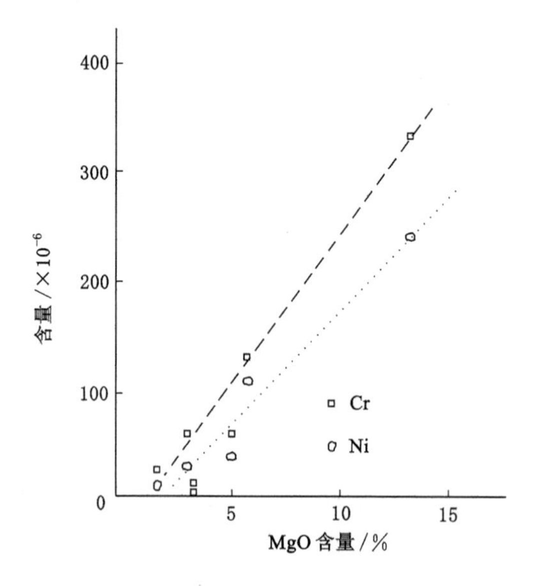

图 6-32 Ni 含量和 Cr 含量与 MgO 含量之间的关系

莫尔根河组地层地球化学同位素的分析数据列于表 6-14。由表可知，莫尔根河组地层 $(^{87}Sr/^{86}Sr)_i$ = 0.704 3，$\varepsilon_{Nd}(t)$ = 3.004，成分投点落入 Sr-Nb 同位素地幔阵列的洋岛玄武岩区域内，如图 6-33 所示。其 $^{143}Nd/^{144}Nd$ 值与地球总成分的 $^{143}Nd/^{144}Nd$ 值相近，$\varepsilon_{Nd}(t)$ = 0，$(^{87}Sr/^{86}Sr)_i$ 为0.704 5，地幔柱 $(^{87}Sr/^{86}Sr)_i$ 为 0.702 8～0.707 0，$\varepsilon_{Nd}(t)$ = +8～−6。由此可以看出，在本研究区莫尔根河组地层基性火山岩的形成过程中，深部上涌的富集地幔柱物质起着主导作用。

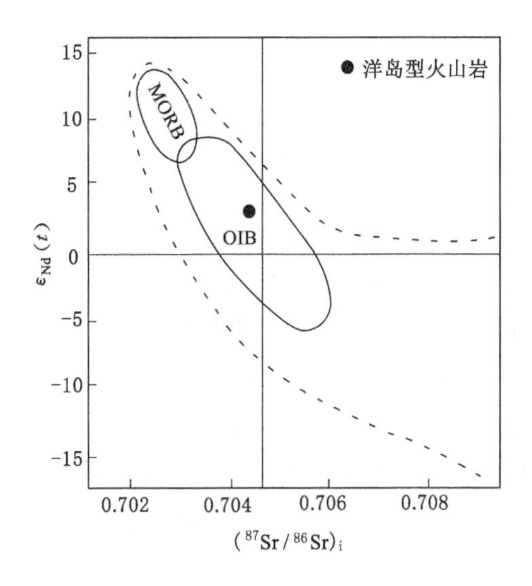

图 6-33　莫尔根河组地层洋岛型火山岩的 $\varepsilon_{Nd}(t)$ 和 $(^{87}Sr/^{86}Sr)_i$ 的关系

表 6-14　莫尔根河组地层地球化学同位素分析数据

岩石名称		细碧岩
样号		P_{29}LT18
同位素参数值	$^{87}Rb/^{86}Sr$	0.115 7
	$^{87}Sr/^{86}Sr$(测量值)	0.704 89±0.000 06
	$(^{87}Sr/^{86}Sr)_i$	0.704 3
	$^{147}Sm/^{144}Nd$	0.117 3
	$^{143}Nd/^{144}Nd$	0.512 792±0.000 060

五、形成构造环境及成因分析

研究表明，洋岛玄武岩典型的地球化学特征为富集 Fe、Ti、P 和轻重稀土元素分异较明显。本研究区莫尔根河组地层基性火山岩符合这一地球化学特征，Th 平均含量为 11.35×10^{-6}，与 Ta 元素的平均含量相近。另外，国内对阿尔金红柳沟地区的洋岛玄武岩研究得较为详细，通过对比，本研究区内基性火山岩的地球化学特征参数与其极为相近，见表 6-15。

表 6-15　基性火山岩地球化学特征参数对比

名称		样品来源地区	
		本研究区	阿尔金红柳沟地区
主量元素化合物含量/%	TiO_2	平均 2.05	2.34～4.17
微量元素特征参数	Ti/V	平均 66.5	平均 51.0
	Zr/Nb	平均 8.8	平均 4.7
	Zr/Y	平均 11.9	大于 5.0
	$(La/Yb)_N$	9.0～11.3	6.6～13.6
	Th/Ta	平均 2.9	平均 1.2
岩浆源区特征参数	$\varepsilon_{Nd}(t)$	3.004	3.8～5.1

$\omega(Zr)/4$、$2\omega(Nb)$和$\omega(Y)$之间的变化关系如图 6-34 所示。$\omega(Zr)$表示 Zr 的含量，其他元素类同。Zr/Y 和 Ti/Y 的变化关系如果 6-35 所示。$10\omega(MnO)$、$\omega(TiO_2)$和$10\omega(P_2O_5)$之间的变化关系如图 6-36 所示。研究发现，本研究区基性火山岩样品的投点在图 6-34、图 6-35 中均落入了板内玄武岩区，说明莫尔根河组地层基性火山岩形成于大洋板内环境；而样品投点在图 6-36 中全部落入了洋岛碱性玄武岩区（OIA），说明本研究区基性火山岩样品的轻稀土元素含量和大离子亲石元素含量比洋中脊玄武岩高得多，蛛网图与 OIA 基本一致。由图 6-33 可知，样品的投点落入洋岛玄武岩区，表明本研究区莫尔根河组火山岩为洋岛玄武岩。

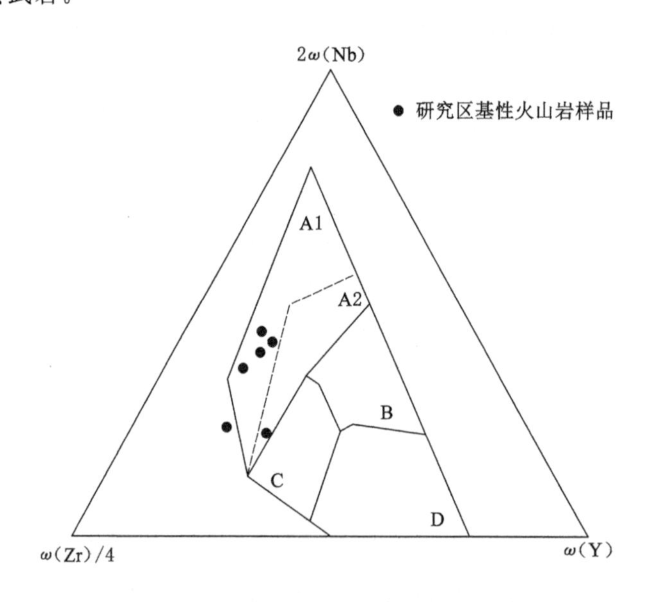

A1—板内碱性玄武岩；A2—板内碱性玄武岩与板内拉斑玄武岩混合区；

B—富集型洋中脊玄武岩(E-MORB)；C—板内拉斑玄武岩和火山弧玄武岩混合区；

D—正常型洋中脊玄武岩(N-MORB)和火山弧玄武岩混合区。

图 6-34　$\omega(Zr)/4$、$2\omega(Nb)$和$\omega(Y)$之间的变化关系

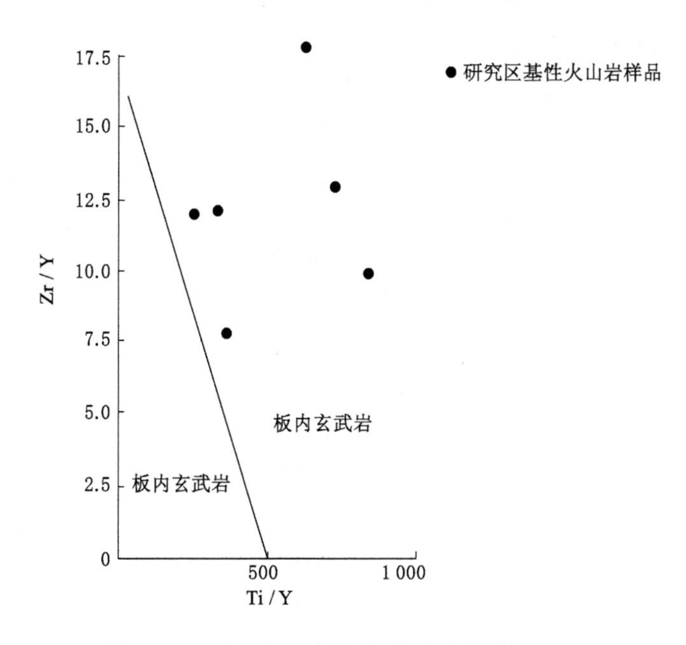

图 6-35　Zr/Y 和 Ti/Y 之间的变化关系

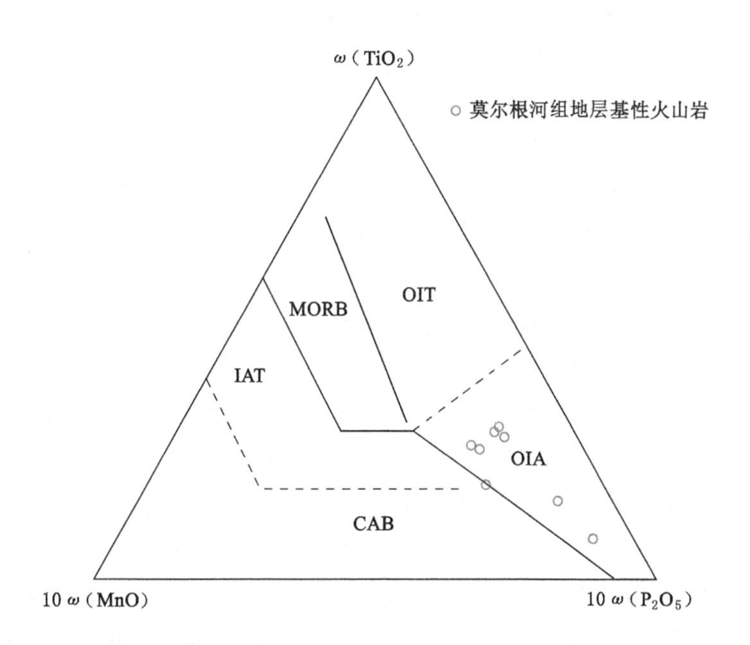

OIT—洋岛拉斑玄武岩；MORB—洋中脊玄武岩；IAT—岛弧拉斑玄武岩；
CAB—岛弧钙碱性玄武岩；OIA—洋岛碱性玄武岩。

图 6-36　$10\omega(MnO)$、$\omega(TiO_2)$和 $10\omega(P_2O_5)$之间的变化关系

综上所述，本研究区莫尔根河组地层火山岩的大地环境为洋岛。洋岛根据目前的资料可分为夏威夷型洋岛、亚速尔型洋岛。经计算，莫尔根河组地层火山岩的$(Ce/Sm)_N$ 值平均为 2.07，应属于夏威夷型洋岛。

根据基性岩石特定的化学组分可以估算出玄武岩的结晶温度，同时可以判断基性岩石

的产出类型。岩石中的 MnO、MgO、TiO_2、Al_2O_3、FeO 是在岩石化学行为中相对稳定的组分。研究得出了关于基性岩石中斜长石结晶温度(T_{pl})的计算公式,即 T_{pl}=1 144.7 ℃－136.26ω(MnO)－19.23ω(TiO_2)+7.41ω(Al_2O_3)－1.04ω(FeO),精度为±25 ℃,计算结果见表 6-16。由表可知,本研究区细碧岩中斜长石结晶温度在 1 152.4～1 220.3 ℃。

表 6-16　基性岩石中斜长石结晶温度计算结果

岩性	样号	T_{pl}/℃
细碧岩	P_{29}TC22	1 220.3
	P_{29}TC18	1 207.0
	P_{29}TC28	1 175.2
	P_{29}TC9	1 152.4
变玄武岩	P_{29}TC50	1 182.3
	P_{29}TC36	1 194.7
	P_{29}TC35	1 188.3

W.J.French 等根据玄武岩中 MgO 含量、Al_2O_3 含量得出了二者与斜长石结晶温度的关系,并在此基础上划分了 4 类玄武岩,具体如图 6-37 所示。经过对本研究区细碧岩和变玄武岩投点的判断,斜长石结晶温度在 1 120～1 125 ℃,并且多数投点投影在板内碱性玄武岩区和板内拉斑玄武岩区,个别投点投影在岛弧区。一般来说,拉斑玄武岩与碱性玄武岩共生是板内地区岩石的典型特征。前已述及,本研究区基性岩石为洋岛玄武岩,但个别岩石的地球化学属性显示了岛弧性质,因此,本研究区莫尔根河组地层基性岩的形成也可能有洋内弧成分的参与。

六、莫尔根河组地层洋岛玄武岩确立的大地构造意义

在褶皱造山带,恢复古板块构造格局,寻找古洋壳是这些地区研究的核心问题。从更大区域看,在泥盆纪时期,洋盆规模最大,晚古生代洋盆规模虽然变小,但也存在一定的规模。新林—环宇—石尖山蛇绿岩分布在本研究区,虽然前人将其确定为新元古代蛇绿岩,但在吉峰地区、环宇地区(邻区)有资料表明它们围岩的形成时代为泥盆纪—石炭纪,因此也不排除晚古生代蛇绿岩的存在。本研究区洋岛玄武岩、碳酸盐岩和邻区的硅质岩极有可能是蛇绿岩的上覆岩系,从鉴别某一地质时期有无洋盆存在来说,上覆岩系与蛇绿岩具有同样的意义,如果在一个造山带中能识别出上覆岩系的成员,那么这个造山带的位置也能代表古洋盆封闭的位置。从这个角度看,本研究区在早石炭世时期存在洋盆,莫尔根河组地层是轴外火山作用的产物,它的形成与地幔热柱有关。由于洋岛是海底的正地形,且上覆岩系位于洋壳顶部,当洋盆收缩时,洋岛容易仰冲上来,真正的蛇绿岩组合已经由于俯冲而消亡殆尽了,只保留了洋岛在俯冲带附近,这可能就是本研究区(包括邻区)只出露了洋岛玄武岩和硅质岩的原因。

七、原岩建造及变质作用

本研究区华力西中期变质岩系变质程度较低,大部分岩石均保留了原岩面貌,手标本及

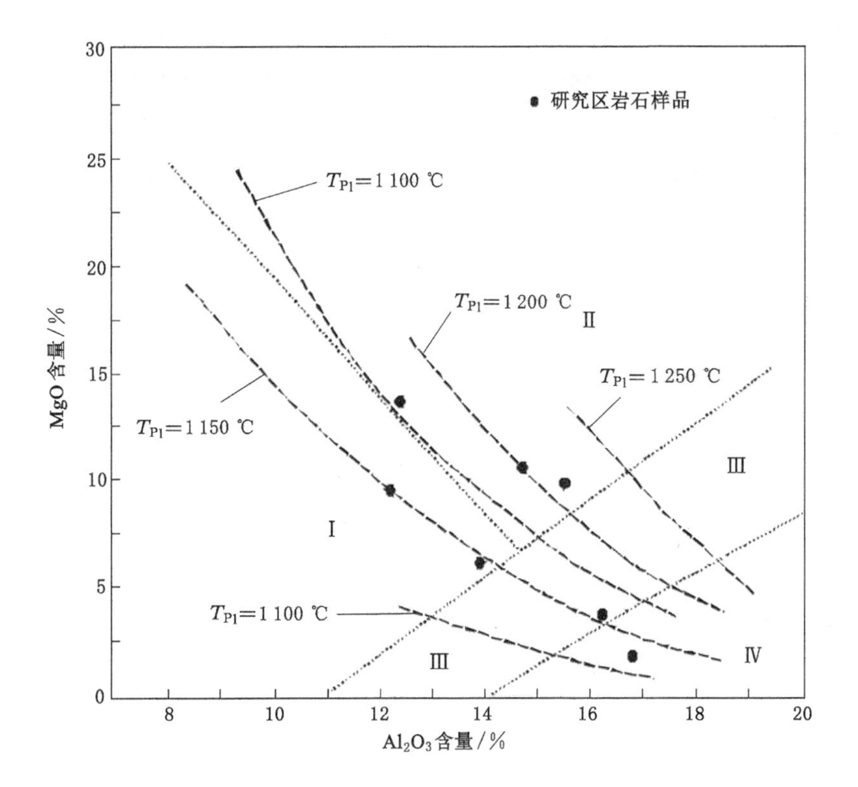

Ⅰ—板内拉斑玄武岩；Ⅱ—板内碱性玄武岩；Ⅲ—岛弧活动陆缘钙碱性玄武岩；
Ⅳ—与岛弧火山岩演化有关的玄武岩。

图 6-37 MgO 含量、Al_2O_3 含量与基性岩类斜长石结晶温度的关系

镜下可以见到原岩结构。结合地质产状，莫尔根河组地层主要为一套海相中性-基性火山岩夹少量泥质岩、碳酸盐岩建造。

莫尔根河组地层变质岩系的变质作用微弱，仅见黏土矿物纤维；变质矿物共生，组合单一，且无明显的递增变质现象。本研究区所见的变质矿物共生组合有以下两种：

(1) 碎屑岩

碎屑岩主要由绢云母、绿泥石、方解石、石英(玉髓)和长石组成。

(2) 基性火山岩

基性火山岩主要由绢云母、绿帘石、绿泥石、阳起石和黑云母组成。

根据特纳的总结，若变质岩的共生矿物为钠长石、绿泥石、绿帘石、榍石和阳起石，则原岩为基性岩；若变质岩的共生矿物为白云母、绿泥石、石英、钠长石和绿帘石，则其原岩为泥岩。

比较本研究区内变质矿物组合与特纳绿片岩相矿物组合，可以发现二者成分基本一致，因此把本研究区内变质矿物组合定为绿片岩相矿物组合。一般来说，阳起石、绿帘石、绿泥石三者发生变质反应可转变成普通角闪石，温克勒给出的普通角闪石出现的等变线温度大约在 500 ℃左右。在本研究区变质基性火山岩中，阳起石、绿泥石稳定存在，而不出现普通角闪石，这反映了重结晶温度较低，说明变质温度低于 500 ℃，相当于温克勒所划分的低级

变质，经与邻区(1∶20万阿里河地质工作内容)对比，研究区变质基性火山岩变质类型应为低压型，再结合矿物组合特征，判断其应属于董申保等定义的区域低温动力变质作用的产物，因此，莫尔根河组地层变质岩属于低压型区域变质相系的绿片岩相。

莫尔根河组地层变质岩零星出露，区域上呈北东向展布，产出海相蜿足类化石、珊瑚化石，由此可以确定其变质时代为华力西中期。

参考文献

[1] 陈斌,田伟,翟明国,等.太行山和华北其他地区中生代岩浆作用的锆石 U-Pb 年代学和地球化学特征及其岩浆成因和地球动力学意义[J].岩石学报,2005,21(1):13-24.

[2] 何仕斌,朱伟林,李丽霞.渤中坳陷沉积演化和上第三系储盖组合分析[J].石油学报,2001,22(2):38-43.

[3] 洪友崇,阳自强,王士涛,等.辽宁抚顺煤田地层及其生物群的初步研究(附:昆虫、叶肢介化石属种描述)[J].地质学报,1974,48(2):113-144.

[4] 侯贵廷,钱祥麟,蔡东升.渤海—鲁西地区白垩纪—早第三纪裂谷活动:火山岩的地球化学证据[J].地质科学,2003,38(1):13-21.

[5] 侯可军,李延河,邹天人,等.LA-MC-ICP-MS 锆石 Hf 同位素的分析方法及地质应用[J].岩石学报,2007,23(10):2595-2604.

[6] 匡永生,庞崇进,洪路兵,等.胶莱盆地晚白垩世玄武岩的年代学和地球化学特征及其对华北岩石圈减薄-增生的制约[J].大地构造与成矿学,2012,36(4):559-571.

[7] 匡永生,庞崇进,罗震宇,等.胶东青山群基性火山岩的 Ar-Ar 年代学和地球化学特征:对华北克拉通破坏过程的启示[J].岩石学报,2012,28(4):1073-1091.

[8] 李德生.Tectonic types of oil and gas basins in China[M].北京:石油工业出版社,1991.

[9] 李曙光,聂永红,HART S R,等.俯冲陆壳与上地幔的相互作用:Ⅱ.大别山同碰撞镁铁-超镁铁岩的 Sr,Nd 同位素地球化学[J].中国科学(D 辑:地球科学),1998,28(1):18-22.

[10] 李伍平,李献华,路凤香,等.辽西早白垩世义县组火山岩的地质特征及其构造背景[J].岩石学报,2002,18(2):193-204.

[11] 梁细荣,韦刚健,李献华,等.利用 MC-ICPMS 精确测定 $^{143}Nd/^{144}Nd$ 和 Sm/Nd 比值[J].地球化学,2003,32(1):91-96.

[12] 辽宁省地质矿产局.辽宁省区域地质志[M].北京:地质出版社,1989.

[13] 凌文黎,谢先军,柳小明,等.鲁东中生代标准剖面青山群火山岩锆石 U-Pb 年龄及其构造意义[J].中国科学(D 辑:地球科学),2006,36(5):401-411.

[14] 刘俊来,关会梅,纪沫,等.华北晚中生代变质核杂岩构造及其对岩石圈减薄机制的约束[J].自然科学进展,2006,16(1):21-26.

[15] 刘颖,刘海臣,李献华.用 ICP—MS 准确测定岩石样品中的 40 余种微量元素[J].地球化学,1996,25(6):552-558.

[16] 马文璞.区域构造解析:方法理论和中国板块构造[M].北京:地质出版社,1992.

[17] 孟繁聪,李天福,薛怀民,等.胶莱盆地晚白垩世不同地幔源区的两种基性岩浆:诸城玄

武岩和胶州玄武岩的对比[J].岩石学报,2006,22(6):1644-1656.

[18] 邱华宁,WIJBRANS J R.南大别山碧溪岭榴辉岩加里东期 Ar-Ar 年代学信息[J].地球化学,2005,34(5):417-427.

[19] 邱检生,王德滋,罗清华,等.鲁东胶莱盆地青山组火山岩的^{40}Ar-^{39}Ar定年:以五莲分岭山火山机构为例[J].高校地质学报,2001,7(3):351-355.

[20] 任凤楼,张岳桥,邱连贵,等.胶莱盆地白垩纪构造应力场与转换机制[J].大地构造与成矿学,2007,31(2):157-167.

[21] 任纪舜,牛宝贵,和政军,等.中国东部的构造格局和动力演化[C]//中国地质科学院地质研究所文集(29—30).1997:61-73.

[22] 任建业,陆永潮,李思田,等.伊舒地堑构造演化的沉积充填响应[J].地质科学,1999,34(2):196-203.

[23] 山东省地质矿产局.中华人民共和国地质矿产部地质专报.一.区域地质.第 26 号.山东省区域地质志[M].北京:地质出版社,1991.

[24] 邵济安,路凤香,张履桥,等.华北早白垩世末岩石圈局部被扰动的时空证据[C]//火山作用与地球层圈演化:全国第四次火山学术研讨会论文摘要集.北海,2005:70-72.

[25] 邵济安,陈福坤,路凤香,等.辽西中生代软流圈底辟体的脉动式上涌[J].地球科学,2006,31(6):807-816.

[26] 邵济安,路凤香,张履桥,等.华北早白垩世末岩石圈局部被扰动的时空证据[J].岩石学报,2006,22(2):277-284.

[27] 邵济安,路凤香,张履桥,等.辽西义县组玄武岩捕虏晶的发现及其意义[J].岩石学报,2005,21(6):1547-1558.

[28] 施炜,张岳桥,董树文,等.山东胶莱盆地构造变形及形成演化:以王氏群和大盛群变形分析为例[J].地质通报,2003,22(5):325-334.

[29] 宋之琛,曹流.抚顺煤田的古新世孢粉[J].古生物学报,1976,15(2):147-164.

[30] 王东方,王集源.抚顺地区老虎台组玄武岩的稀释 Ar 法年昔测定[J]. 辽宁地质学报,1985,(1): l-5.

[31] 王慧芬,杨学昌,朱炳泉,等.中国东部新生代火山岩 K-Ar 年代学及其演化[J].地球化学,1988,17(1):1-12.

[32] 王集源,王东方.抚顺地区古新世老虎台组底部钾氩法年龄测定[J].辽宁地质学报,1982,(1): 1-5.

[33] 王微,许文良,纪伟强,等.辽东中生代晚期和古近纪玄武岩及深源捕虏晶:对岩石圈地幔性质的制约[J].高校地质学报,2006,12(1):30-40.

[34] 韦刚健,梁细荣,李献华,等.(LP)MC-ICPMS 方法精确测定液体和固体样品的 Sr 同位素组成[J].地球化学,2002,31(3):295-299.

[35] 吴昌志,顾连兴,任作伟,等.板缘向板内环境的过渡:辽河盆地古近纪玄武岩地球化学[J].中国科学(D 辑:地球科学),2005,35(2):115-126.

[36] 吴冲龙,李绍虎,黄凤鸣,等.抚顺盆地超厚煤层的沉积条件分析[J].煤田地质与勘探,

1997,25(2):1-6.

[37] 吴冲龙,汪新庆,刘刚,等.抚顺盆地构造演化动力学研究[J].中国科学(D辑:地球科学),2001,31(6):477-485.

[38] 吴冲龙.抚顺盆地的滑积煤及超厚煤层的成因模式[J].科学通报,1994,39(23):2175-2177.

[39] 吴福元,葛文春,孙德有,等.中国东部岩石圈减薄研究中的几个问题[J].地学前缘,2003,10(3):51-60.

[40] 吴福元,孙德有,张广良,等.论燕山运动的深部地球动力学本质[J].高校地质学报,2000,6(3):379-388.

[41] 吴福元,徐义刚,高山,等.华北岩石圈减薄与克拉通破坏研究的主要学术争论[J].岩石学报,2008,24(6):1145-1174.

[42] 徐义刚.岩石圈的热-机械侵蚀和化学侵蚀与岩石圈减薄[J].矿物岩石地球化学通报,1999,18(1):3-7.

[43] 徐义刚,李洪颜,庞崇进,等.论华北克拉通破坏的时限[J].科学通报,2009,54(14):1974-1989.

[44] 徐义刚.华北岩石圈减薄的时空不均一特征[J].高校地质学报,2004,10(3):324-331.

[45] 徐义刚.太行山重力梯度带的形成与华北岩石圈减薄的时空差异性有关[J].地球科学,2006,31(1):14-22.

[46] 徐义刚.用玄武岩组成反演中生代—新生代华北岩石圈的演化[J].地学前缘,2006,13(2):93-104.

[47] 闫峻,陈江峰,谢智,等.鲁东晚白垩世玄武岩中的幔源捕虏体:对中国东部岩石圈减薄时间制约的新证据[J].科学通报,2003,48(14):1570-1574.

[48] 闫峻,陈江峰.华北地块东部晚中生代至新生代岩石圈不均一减薄与改造模式[J].地质论评,2005,51(1):16-26.

[49] 闫峻,陈江峰,谢智,等.鲁东晚白垩世玄武岩及其中幔源包体的岩石学和地球化学研究[J].岩石学报,2005,21(1):99-112.

[50] 张宏福,郑建平.华北中生代玄武岩的地球化学特征与岩石成因:以辽宁阜新为例[J].科学通报,2003,48(6):603-609.

[51] 张宏福,邵济安.辽西义县组火山岩:拆沉作用还是岩浆混合作用的产物?[J].岩石学报,2008,24(1):37-48.

[52] 张辉煌,徐义刚,葛文春,等.吉林伊通—大屯地区晚中生代-新生代玄武岩的地球化学特征及其意义[J].岩石学报,2006,22(6):1579-1596.

[53] 张旗,秦克章,王元龙,等.加强埃达克岩研究,开创中国Cu、Au等找矿工作的新局面[J].岩石学报,2004,20(2):195-204.

[54] 张旗,王焰,钱青,等.中国东部燕山期埃达克岩的特征及其构造-成矿意义[J].岩石学报,2001,17(2):236-244.

[55] 张旗,王元龙,王焰.燕山期中国东部高原下地壳组成初探:埃达克质岩Sr、Nd同位素

制约[J].岩石学报,2001,17(4):505-513.

[56] 张瑞生,王华,吴冲龙.抚顺盆地沉积动力学特征及其聚煤意义[J].沉积学报,2001,19(3):375-380.

[57] 郑建平,路凤香,GRIFFIN W L,等.华北东部橄榄岩与岩石圈减薄中的地幔伸展和侵蚀置换作用[J].地学前缘,2006,13(2):76-85.

[58] 郑建平,路凤香.胶辽半岛金伯利岩中地幔捕虏体岩石学特征:古生代岩石圈地幔及其不均一性[J].岩石学报,1999,15(1):65-74.

[59] 郑建平.中国东部地幔置换作用与中新生代岩石圈减薄[M].武汉:中国地质大学出版社,1999.

[60] 周进高,赵宗举,邓红婴.合肥盆地构造演化及含油气性分析[J].地质学报,1999,73(1):15-24.

[61] 周新华,张国辉,陈义贤,等.中生代火山岩源区特征的多元同位素制约:以华北北缘为例[J].科学通报,1998,43(23):2483-2488.

[62] 朱光,刘国生,牛漫兰,等.郯庐断裂带晚第三纪以来的浅部挤压活动与深部过程[J].地震地质,2002,24(2):265-277.

[63] 朱光,王道轩,刘国生,等.郯庐断裂带的演化及其对西太平洋板块运动的响应[J].地质科学,2004,39(1):36-49.

[64] 朱日祥,徐义刚,朱光,等.华北克拉通破坏[J].中国科学(地球科学),2012,42(8):1135-1159.

[65] 庄新国,李思田,王生维.抚顺盆地富氢煤的特征及形成条件[J].石油实验地质,1999,21(2):150-155.

[66] BLACK L P,KAMO S L,ALLEN C M,et al.Improved $^{206}Pb/^{238}U$ microprobe geochronology by the monitoring of a trace-element-related matrix effect;SHRIMP,ID-TIMS,ELA-ICP-MS and oxygen isotope documentation for a series of zircon standards[J].Chemical geology,2004,205(1/2):115-140.

[67] CASTILLO P R,JANNEY P E,SOLIDUM R U.Petrology and geochemistry of Camiguin Island,southern Philippines:insights to the source of adakites and other lavas in a complex arc setting[J].Contributions to mineralogy and petrology,1999,134(1):33-51.

[68] CHEN B,JAHN B M,ARAKAWA Y,et al.Petrogenesis of the Mesozoic intrusive complexes from the southern Taihang Orogen,North China Craton:elemental and Sr-Nd-Pb isotopic constraints[J].Contributions to mineralogy and petrology,2004,148(4):489-501.

[69] CHEN B,ZHAI M G.Geochemistry of late Mesozoic lamprophyre dykes from the Taihang Mountains, North China, and implications for the sub-continental lithospheric mantle[J].Geological magazine,2003,140(1):87-93.

[70] CHEN S H,O'REILY S Y,ZHOU X H,et al.Thermal and petrological structure of

the lithosphere beneath Hannuoba, Sino-Korean Craton, China: evidence from xenoliths[J].Lithos,2001,56(4):267-301.

[71] CHU N C,TAYLOR R N,CHAVAGNAC V,et al.Hf isotope ratio analysis using multi-collector inductively coupled plasma mass spectrometry: an evaluation of isobaric interference corrections[J].Journal of analytical atomic spectrometry,2002,17(12):1567-1574.

[72] CHUNG S L.Geochemical and Sr-Nd-Pb isotopic compositions of mafic dikes from the Jiaodong Peninsula,China:evidence for vein-plus-peridotite melting in the lithospheric mantle[J].Lithos,2004,73(3/4):145-160.

[73] DEPAOLO D J,DALEY E E.Neodymium isotopes in basalts of the southwest basin and range and lithospheric thinning during continental extension[J]. Chemical geology,2000,169(1/2):157-185.

[74] DUGGEN S,HOERNLE K,VAN DEN BOGAARD P,et al.Post-collisional transition from subduction- to intraplate-type magmatism in the westernmost Mediterranean:evidence for continental-edge delamination of subcontinental lithosphere[J].Journal of petrology,2005,46(6):1155-1201.

[75] ELHLOU S,BELOUSOVA E,GRIFFIN W L,et al.Trace element and isotopic composition of GJ-red zircon standard by laser ablation[J].Geochimica et cosmochimica acta,2006,70(18):A158.

[76] FAN W M,GUO F,WANG Y J,et al.Late Mesozoic volcanism in the northern Huaiyang tectono-magmatic belt,central China:partial melts from a lithospheric mantle with subducted continental crust relicts beneath the Dabie orogen? [J].Chemical geology,2004,209(1/2):27-48.

[77] FAN W M,GUO F,WANG Y J,et al.Post-orogenic bimodal volcanism along the sulu orogenic belt in Eastern China[J].Physics and chemistry of the earth,part a:solid earth and geodesy,2001,26(9/10):733-746.

[78] FAN W M,ZHANG H F,BAKER J,et al.On and off the North China Craton:where is the archaean keel? [J].Journal of petrology,2000,41(7):933-950.

[79] FOLEY S F,BARTH M G,Jenner G A.Rutile/melt partition coefficients for trace elements and an assessment of the influence of rutile on the trace element characteristics of subduction zone magmas[J].Geochimica et cosmochimica acta,2000,64(5):933-938.

[80] FROST C D,BELL J M,FROST B R,et al.Crustal growth by magmatic underplating:Isotopic evidence from the northern Sherman batholith[J].Geology,2001,29(6):515.

[81] GAO S,RUDNICK R L,XU W L,et al.Recycling deep cratonic lithosphere and generation of intraplate magmatism in the North China Craton[J].Earth and planetary science letters,2008,270(1/2):41-53.

[82] GAO S,RUDNICK R L,CARLSON R W,et al.Re-Os evidence for replacement of ancient mantle lithosphere beneath the North China Craton[J].Earth and planetary science letters,2002,198(3/4):307-322.

[83] GAO S,RUDNICK R L,YUAN H L,et al.Recycling lower continental crust in the North China Craton[J].Nature,2004,432(7019):892-897.

[84] GIBSON S A,THOMPSON R N,DAY J A.Timescales and mechanisms of plume-lithosphere interactions:40Ar/39Ar geochronology and geochemistry of alkaline igneous rocks from the Paraná-Etendeka large igneous Province[J].Earth and planetary science letters,2006,251(1/2):1-17.

[85] GRANT K,INGRIN J,LORAND J P,et al.Water partitioning between mantle minerals from peridotite xenoliths[J].Contributions to mineralogy and petrology,2007,154(1):15-34.

[86] GUO F,FAN W M,LI C W.Geochemistry of late Mesozoic adakites from the Sulu belt,Eastern China:magma genesis and implications for crustal recycling beneath continental collisional orogens[J].Geological magazine,2006,143(1):1-13.

[87] GUO F,FAN W M,WANG Y J,et al.Late Mesozoic mafic intrusive complexes in North China Block:constraints on the nature of subcontinental lithospheric mantle [J].Physics and chemistry of the earth,part a:solid earth and geodesy,2001,26(9/10):759-771.

[88] GUO F,FAN W M,WANG Y J,et al.Origin of Early Cretaceous calc-alkaline lamprophyres from the Sulu orogen in Eastern China:implications for enrichment processes beneath continental collisional belt[J].Lithos,2004,78(3):291-305.

[89] GUO F, NAKAMURU E, FAN W M, et al. Generation of palaeocene adakitic andesites by magma mixing;Yanji area,NE China[J].Journal of petrology,2007,48(4):661-692.

[90] HERZBERG C.Petrology and thermal structure of the Hawaiian plume from Mauna Kea volcano[J].Nature,2006,444(7119):605-609.

[91] HIRSCHMANN M M,KOGISO T,BAKER M B,et al.Alkalic magmas generated by partial melting of garnet pyroxenite[J].Geology,2003,31(6):481.

[92] HOFMANN A W.Sampling mantle heterogeneity through oceanic basalts:isotopes and trace elements[M]//Treatise on Geochemistry.Amsterdam:Elsevier,2007:1-44.

[93] HU S B,O'SULLIVAN P B,RAZA A.Thermal history and tectonic subsidence of the Bohai Basin,Northern China:a Cenozoic rifted and local pull-apart basin[J].Physics of the earth and planetary interiors,2001,126(3/4):221-235.

[94] HUANG J L, ZHAO D P. High-resolution mantle tomography of China and surrounding regions[J].Journal of geophysical research,2006,111(B9):209-305.

[95] HUANG X L, XU Y G, LO C H, et al. Exsolution lamellae in a clinopyroxene

megacryst aggregate from Cenozoic basalt, Leizhou Peninsula, South China: petrography and chemical evolution[J]. Contributions to mineralogy and petrology, 2007, 154 (6): 691-705.

[96] JAHN B M, WU F Y, LO C H, et al. Crust-mantle interaction induced by deep subduction of the continental crust: geochemical and Sr-Nd isotopic evidence from post-collisional mafic-ultramafic intrusions of the northern Dabie complex, central China [J]. Chemical geology, 1999, 157(1/2): 119-146.

[97] JIN H Y, FU Y W, WILDE S A. A review of the geodynamic setting of large-scale Late Mesozoic gold mineralization in the North China Craton: an association with lithospheric thinning[J]. Ore geology reviews, 2003, 23(3/4): 125-152.

[98] KAMEI A, OWADA M, NAGAO T, et al. High-Mg diorites derived from sanukitic HMA magmas, Kyushu Island, southwest Japan arc: evidence from clinopyroxene and whole rock compositions[J]. Lithos, 2004, 75(3/4): 359-371.

[99] KESHAV S, GUDFINNSSON G H, SEN G, et al. High-pressure melting experiments on garnet clinopyroxenite and the alkalic to tholeiitic transition in ocean-island basalts [J]. Earth and planetary science letters, 2004, 223(3/4): 365-379.

[100] KOGISO T, HIRSCHMANN M M, FROST D J. High-pressure partial melting of garnet pyroxenite: possible mafic lithologies in the source of ocean island basalts[J]. Earth and planetary science letters, 2003, 216(4): 603-617.

[101] KOGISO T, HIRSCHMANN M M. Experimental study of clinopyroxenite partial melting and the origin of ultra-calcic melt inclusions[J]. Contributions to mineralogy and petrology, 2001, 142(3): 347-360.

[102] KOPPERS A A P. ArArCALC-software for $^{40}Ar/^{39}Ar$ age calculations[J]. Computers & geosciences, 2002, 28(5): 605-619.

[103] KUANG Y S, WEI X, HONG L B, et al. Petrogenetic evaluation of the Laohutai basalts from North China Craton: melting of a two-component source during lithospheric thinning in the Late Cretaceous-early Cenozoic[J]. Lithos, 2012, 154: 68-82.

[104] KUSHIRO I. Partial melting experiments on peridotite and origin of mid-ocean ridge basalt[J]. Annual review of earth and planetary sciences, 2001, 29(1): 71-107.

[105] LIN W, WANG Q C. Late Mesozoic extensional tectonics in the North China block: a crustal response to subcontinental mantle removal? [J]. Bulletin de la société géologique de France, 2006, 177(6): 287-297.

[106] LING W L, DUAN R C, XIE X J, et al. Contrasting geochemistry of the Cretaceous volcanic suites in Shandong Province and its implications for the Mesozoic lower crust delamination in the eastern North China Craton[J]. Lithos, 2009, 113(3/4): 640-658.

[107] LIU J L, DAVIS G A, LIN Z Y, et al. The liaonan metamorphic core complex, South-

eastern Liaoning Province, North China: a likely contributor to Cretaceous rotation of Eastern Liaoning, Korea and contiguous areas[J]. Tectonophysics, 2005, 407(1/2): 65-80.

[108] LIU M, CUI X J, LIU F T. Cenozoic rifting and volcanism in Eastern China: a mantle dynamic link to the Indo-Asian collision?[J]. Tectonophysics, 2004, 393(1/2/3/4): 29-42.

[109] LIU Y S, GAO S, KELEMEN P B, et al. Recycled crust controls contrasting source compositions of Mesozoic and Cenozoic basalts in the North China Craton[J]. Geochimica et cosmochimica acta, 2008, 72(9): 2349-2376.

[110] MARTIN H, SMITHIES R H, RAPP R, et al. An overview of adakite, tonalite-trondhjemite-granodiorite (TTG), and sanukitoid: relationships and some implications for crustal evolution[J]. Lithos, 2005, 79(1/2): 1-24.

[111] MARTIN H. Adakitic magmas: modern analogues of Archaean granitoids[J]. Lithos, 1999, 46: 411-429.

[112] MCKENZIE D, BICKLE M J. The volume and composition of melt generated by extension of the lithosphere[J]. Journal of petrology, 1988, 29(3): 625-679.

[113] O'LEARY J A, GAETANI G A, HAURI E H. The effect of tetrahedral Al^{3+} on the partitioning of water between clinopyroxene and silicate melt[J]. Earth and planetary science letters, 2010, 297(1/2): 111-120.

[114] PERTERMANN M, HIRSCHMANN M M. Anhydrous partial melting experiments on MORB-like eclogite: phase relations, phase compositions and mineral-melt partitioning of major elements at 2-3 GPa[J]. Journal of petrology, 2003, 44(12): 2173-2201.

[115] PESLIER A H, WOODLAND A B, BELL D R, et al. Olivine water contents in the continental lithosphere and the longevity of cratons[J]. Nature, 2010, 467(7311): 78-81.

[116] RAPP R P, SHIMIZU N, NORMAN M D. et al. Reaction between slab-derived melts and peridotite in the mantle wedge: experimental constraints at 3.8 GPa[J]. Chemical geology, 1999, 160(4): 335-356.

[117] RATSCHBACHER L, HACKER B R, CALVERT A, et al. Tectonics of the Qinling (central China): tectonostratigraphy, geochronology, and deformation history[J]. Tectonophysics, 2003, 366(1/2): 1-53.

[118] REISBERG L, ZHI X C, LORAND J P, et al. Re-Os and S systematics of spinel peridotite xenoliths from east central China: evidence for contrasting effects of melt percolation[J]. Earth and planetary science letters, 2005, 239(3/4): 286-308.

[119] REN J Y, TAMAKI K, LI S T, et al. Late Mesozoic and Cenozoic rifting and its dynamic setting in Eastern China and adjacent areas[J]. Tectonophysics, 2002, 344(3/

4):175-205.

[120] REN Z Y,INGLE S,TAKAHASHI E,et al.The chemical structure of the Hawaiian mantle plume[J].Nature,2005,436(7052):837-840.

[121] RUDNICK R L,BARTH M,HORN I I,et al.Rutile-bearing refractory eclogites: missing link between continents and depleted mantle[J].Science,2000,287(5451): 278-281.

[122] SAAL A E,HAURI E H,LANGMUIR C H,et al.Vapour undersaturation in primitive mid-ocean-ridge basalt and the volatile content of Earth's upper mantle[J].Nature,2002,419(6906):451-455.

[123] SHAO J A,LU F X,ZHANG L Q,et al.Discovery of xenocrysts in basalts of Yixian Formation in west Liaoning Province and its significance[J].Acta petrologica sinica, 2005,21(6):1547-1558.

[124] SIMONS K,DIXON J,SCHILLING J G,et al.Volatiles in basaltic glasses from the Easter-Salas y Gomez Seamount Chain and Easter Microplate:implications for geochemical cycling of volatile elements[J]. Geochemistry, geophysics, geosystems, 2002,3(7):1-29.

[125] SMITHIES R.H.The Archaean tonalite-trondhjemite-granodiorite(TTG) series is not an analogue of Cenozoic adakite[J].Earth and planetary science letters,2000,182 (1):115-125.

[126] SOBOLEV A ,HOFMANN A ,KUZMIN D ,et al.The amount of recycled crust in sources of mantle-derived melts[J].Science,2007,316(5823):412-417.

[127] SOBOLEV A V,HOFMANN A W,SOBOLEV S V,et al.An olivine-free mantle source of Hawaiian shield basalts[J].Nature,2005,434(7033):590-597.

[128] SOBOLEV A V, KRIVOLUTSKAYA N A, KUZMIN D V. Petrology of the parental melts and mantle sources of Siberian trap magmatism[J].Petrology,2009, 17(3):253-286.

[129] TANG Y J,ZHANG H F,NAKAMURA E,et al.Lithium isotopic systematics of peridotite xenoliths from Hannuoba,North China Craton:implications for melt-rock interaction in the considerably thinned lithospheric mantle[J].Geochimica et cosmochimica acta,2007,71(17):4327-4341.

[130] TATSUMI Y.Geochemical modeling of partial melting of subducting sediments and subsequent melt-mantle interaction:generation of high-Mg andesites in the Setouchi volcanic belt,southwest Japan[J].Geology,2001,29(4):323-326.

[131] TSUCHIYA N, SUZUKI S, KIMURA, et al. Evidence for slab melt/mantle reaction: petrogenesis of Early Cretaceous and Eocene high-Mg andesites from the Kitakami Mountains,Japan[J].Lithos,2005,79(1/2):179-206.

[132] WANG Q,MCDERMOTT F,XU J F,et al.Cenozoic K-rich adakitic volcanic rocks

in the Hohxil area, northern Tibet: lower-crustal melting in an intracontinental setting[J]. Geology, 2005, 33(6): 465-468.

[133] WANG Y, HOUSEMAN G A, LIN G, et al. Mesozoic lithospheric deformation in the North China block: numerical simulation of evolution from orogenic belt to extensional basin system[J]. Tectonophysics, 2005, 405(1/2/3/4): 47-63.

[134] WINDLEY B F, MARUYAMA S, XIAO W J. Delamination/thinning of sub-continental lithospheric mantle under Eastern China: the role of water and multiple subduction[J]. American journal of science, 2010, 310(10): 1250-1293.

[135] WORKMAN R K, HART S R. Major and trace element composition of the depleted MORB mantle (DMM)[J]. Earth and planetary science letters, 2005, 231(1/2): 53-72.

[136] WU C L, WANG X Q, LIU G, et al. Study on dynamics of tectonic evolution in the Fushun Basin, Northeast China[J]. Science in China series d: earth sciences, 2002, 45(4): 311-324.

[137] WU F Y, LIN J Q, WILDE S A, et al. Nature and significance of the Early Cretaceous giant igneous event in eastern China[J]. Earth and planetary science letters, 2005, 233(1/2): 103-119.

[138] WU F Y, YANG Y H, XIE L W, et al. Hf isotopic compositions of the standard zircons and baddeleyites used in U-Pb geochronology[J]. Chemical geology, 2006, 234(1/2): 105-126.

[139] XIA Q K, HAO Y T, LIU S C, et al. Water contents of the Cenozoic lithospheric mantle beneath the western part of the North China Craton: Peridotite xenolith constraints[J]. Gondwana research, 2013, 23(1): 108-118.

[140] XIA Q K, LIU J, LIU S C, et al. High water content in Mesozoic primitive basalts of the North China Craton and implications on the destruction of cratonic mantle lithosphere[J]. Earth and planetary science letters, 2013, 361: 85-97.

[141] XIONG X L, XIA B, XU J F, et al. Na depletion in modern adakites via melt/rock reaction within the sub-arc mantle[J]. Chemical geology, 2006, 229(4): 273-292.

[142] XU J F, SHINJO R, DEFANT M J, et al. Origin of Mesozoic adakitic intrusive rocks in the Ningzhen area of East China: partial melting of delaminated lower continental crust? [J]. Geology, 2002, 30(12): 1111.

[143] XU W L, HERGT J A, GAO S, et al. Interaction of adakitic melt-peridotite: implications for the high-Mg# signature of Mesozoic adakitic rocks in the eastern North China Craton[J]. Earth and planetary science letters, 2008, 265(1/2): 123-137.

[144] XU W L, WANG Q H, WANG D Y, et al. Mesozoic adakitic rocks from the Xuzhou-Suzhou area, Eastern China: evidence for partial melting of delaminated lower continental crust[J]. Journal of Asian earth sciences, 2006, 27(4): 454-464.

[145] XU Y G, LUO Z Y, HUANG X L, et al. Zircon U-Pb and Hf isotope constraints on crustal melting associated with the Emeishan mantle plume[J]. Geochimica et cosmochimica acta, 2008, 72(13): 3084-3104.

[146] XU Y G, MA J L, FREY F A, et al. Role of lithosphere-asthenosphere interaction in the genesis of Quaternary alkali and tholeiitic basalts from Datong, western North China Craton[J]. Chemical geology, 2005, 224(4): 247-271.

[147] XU Y G, ZHANG H H, QIU H N, et al. Oceanic crust components in continental basalts from Shuangliao, Northeast China: derived from the mantle transition zone? [J]. Chemical geology, 2012, 328: 168-184.

[148] XU Y G, CHUNG S L, MA J L, et al. Contrasting cenozoic lithospheric evolution and architecture in the western and eastern Sino-Korean craton: constraints from geochemistry of basalts and mantle xenoliths[J]. The journal of geology, 2004, 112(5): 593-605.

[149] XU Y G, HUANG X L, MA J L, et al. Crust-mantle interaction during the tectono-thermal reactivation of the North China craton: constraints from SHRIMP zircon U-Pb chronology and geochemistry of mesozoic plutons from western Shandong[J]. Contributions to mineralogy and petrology, 2004, 147(6): 750-767.

[150] XU Y G, LI H Y, PANG C J, et al. On the timing and duration of the destruction of the North China craton[J]. Chinese science bulletin, 2009, 54(19): 3379-3396.

[151] XU Y G, MA J L, HUANG X L, et al. Early Cretaceous gabbroic complex from Yinan, Shandong Province: petrogenesis and mantle domains beneath the North China Craton[J]. International journal of earth sciences, 2004, 93(6): 1025-1041.

[152] XU Y G, SUN M, YAN W, et al. Xenolith evidence for polybaric melting and stratification of the upper mantle beneath South China[J]. Journal of Asian earth sciences, 2002, 20(8): 937-954.

[153] XU Y G. Thermo-tectonic destruction of the archaean lithospheric keel beneath the Sino-Korean craton in China: evidence, timing and mechanism[J]. Physics and chemistry of the earth, part a: solid earth and geodesy, 2001, 26(9/10): 747-757.

[154] YANG W, LI S G. Geochronology and geochemistry of the Mesozoic volcanic rocks in Western Liaoning: Implications for lithospheric thinning of the North China Craton[J]. Lithos, 2008, 102(1/2): 88-117.

[155] YANG Y, XU T. Hydrocarbon habitat of the offshore Bohai Basin, China[J]. Marine and petroleum geology, 2004, 21(6): 691-708.

[156] YING J, ZHANG H, KITA N, et al. Nature and evolution of Late Cretaceous lithospheric mantle beneath the eastern North China Craton: Constraints from petrology and geochemistry of peridotitic xenoliths from Jünan, Shandong Province, China[J]. Earth and planetary science letters, 2006, 244(3/4): 622-638.

[157] YU Y X,ZHOU X H,TANG L J,et al.Salt structures in the Laizhouwan depression,offshore Bohai Bay basin,Eastern China:new insights from 3D seismic data[J].Marine and petroleum geology,2009,26(8):1600-1607.

[158] ZENG G,CHEN L H,XU X S,et al.Carbonated mantle sources for Cenozoic intraplate alkaline basalts in Shandong,North China[J].Chemical geology,2010,273(1/2):35-45.

[159] ZHANG H F,SUN M,ZHOU X H,et al.Secular evolution of the lithosphere beneath the eastern North China Craton:evidence from Mesozoic basalts and high-Mg andesites[J].Geochimica et cosmochimica acta,2003,67(22):4373-4387.

[160] ZHANG H F,SUN M,ZHOU M F,et al.Highly heterogeneous Late Mesozoic lithospheric mantle beneath the North China Craton:evidence from Sr-Nd-Pb isotopic systematics of mafic igneous rocks[J].Geological magazine,2004,141(1):55-62.

[161] ZHANG H F,SUN M,ZHOU X H,et al.Geochemical constraints on the origin of Mesozoic alkaline intrusive complexes from the North China Craton and tectonic implications[J].Lithos,2005,81(1/2/3/4):297-317.

[162] ZHANG H F,SUN M,ZHOU X H,et al.Mesozoic lithosphere destruction beneath the North China Craton:evidence from major-,trace-element and Sr-Nd-Pb isotope studies of Fangcheng basalts[J].Contributions to mineralogy and petrology,2002,144(2):241-254.

[163] ZHANG H F.Transformation of lithospheric mantle through peridotite-melt reaction:a case of Sino-Korean craton[J].Earth and planetary science letters,2005,237(3/4):768-780.

[164] ZHANG J J,ZHENG Y F,ZHAO Z F.Geochemical evidence for interaction between oceanic crust and lithospheric mantle in the origin of Cenozoic continental basalts in east-central China[J].Lithos,2009,110(1/2/3/4):305-326.

[165] ZHANG J,ZHANG H F,YING J F,et al.Contribution of subducted Pacific slab to Late Cretaceous mafic magmatism in Qingdao region,China:a petrological record[J].Island arc,2008,17(2):231-241.

[166] ZHANG Y,DONG S W,SHI W.Cretaceous deformation history of the middle Tan-Lu fault zone in Shandong Province,eastern China[J].Tectonophysics,2003,363(3/4):243-258.

[167] ZHAO D P.Global tomographic images of mantle plumes and subducting slabs:insight into deep earth dynamics[J].Physics of the earth and planetary interiors,2004,146:3-34.

[168] ZHOU X H,CHEN S H,SUN M.Continental crust and lithospheric mantle interaction beneath North China:isotopic evidence from granulite xenoliths in Hannuoba,Sino-Korean craton[J].Lithos,2002,62(3/4):111-124.

[169] ZOU H B,XU X S,QI Q,et al.Major,trace element,and Nd,Sr and Pb isotope studies of Cenozoic basalts in SE China:mantle sources,regional variations,and tectonic significance[J].Chemical geology,2000,171(1/2):33-47.